全国技工院校计算机类专业教材（中／高级技能层级）

U0272450

Illustrator
平面设计与制作
（第二版）

主　编　李　飞

副主编　陈茜影　王　雪

主　审　庞书华

中国劳动社会保障出版社

简介

本书主要内容包括图形设计、版式设计、卡通设计、插画设计、包装设计、产品设计、招贴设计和信息设计等。

本书由李飞任主编，陈茜影、王雪任副主编，张琛琛、李鑫、李欣、崔进龙、方亚磊、郭梓成、王淑惠、侯玉鑫、王真参加编写，庞书华任主审。

图书在版编目（CIP）数据

Illustrator 平面设计与制作 / 李飞主编. --2 版. -- 北京：中国劳动社会保障出版社，2023

全国技工院校计算机类专业教材. 中 / 高级技能层级

ISBN 978-7-5167-6150-2

I.①I… Ⅱ.①李… Ⅲ.①平面设计－图形软件－技工学校－教材 Ⅳ.①TP391.412

中国国家版本馆 CIP 数据核字（2023）第 235457 号

中国劳动社会保障出版社出版发行

（北京市惠新东街 1 号　邮政编码：100029）

*

北京宏伟双华印刷有限公司印刷装订　　新华书店经销

787 毫米 × 1092 毫米　16 开本　22 印张　429 千字

2023 年 12 月第 2 版　　2023 年 12 月第 1 次印刷

定价：**54.00** 元

营销中心电话：400-606-6496

出版社网址：http://www.class.com.cn

http://jg.class.com.cn

前　言

　　为了更好地满足全国技工院校计算机类专业的教学要求，适应计算机行业的发展现状，全面提升教学质量，我们组织全国有关学校的一线教师和行业、企业专家，在充分调研企业用人需求和学校教学情况、吸收借鉴各地技工院校教学改革的成功经验的基础上，根据人力资源社会保障部颁布的《全国技工院校专业目录》及相关教学文件，对全国技工院校计算机类专业教材进行了修订和新编。

　　本次修订（新编）的教材涉及计算机类专业通用基础模块及办公软件、多媒体应用软件、辅助设计软件、计算机应用维修、网络应用、程序设计、操作指导等多个专业模块。

　　本次修订（新编）工作的重点主要有以下几个方面。

突出技工教育特色

　　坚持以能力为本位，突出技工教育特色。根据计算机类专业毕业生就业岗位的实际需要和行业发展趋势，合理确定学生应具备的能力和知识结构，对教材内容及其深度、难度进行了调整。同时，进一步突出实际应用能力的培养，以满足社会对技能型人才的需求。

　　针对计算机软、硬件更新迅速的特点，在教学内容选取上，既注重体现新软件、新知识，又兼顾技工院校教学实际条件。在教学内容组织上，不局限于某一计算机软件版本或硬件产品的具体功能，而是更注重学生应用能力的拓展，使学生能够触类旁通，提升综合能力，为后续专业课程的学习和未来工作中解决实际问题打下良好的基础。

创新教材内容形式

在编写模式上，根据技工院校学生认知规律，以完成具体工作任务为主线组织教材内容，将理论知识的讲解与工作任务载体有机结合，激发学生的学习兴趣，提高学生的实践能力。

在表现形式上，通过丰富的操作步骤图片和软件截图详尽地指导学生了解软件功能并完成工作任务，使教材内容更加直观、形象。结合计算机类专业教材的特点，多数教材采用四色印刷，图文并茂，增强了教材内容的表现效果，提高了教材的可读性。

本次修订（新编）工作还针对大部分教材创新开发了配套的实训题集，在教材所学内容基础上提供了丰富的实训练习题目和素材，供学生巩固练习使用，既节省了教材篇幅，又能帮助学生进一步提高所学知识与技能的实际应用能力。

提供丰富教学资源

在教学服务方面，为方便教师教学和学生学习，配套提供了制作素材、电子课件、教案示例等教学资源，可通过技工教育网（http://jg.class.com.cn）下载使用。除此之外，在部分教材中还借助二维码技术，针对教材中的重点、难点内容，开发制作了操作演示微视频，可使用移动设备扫描书中二维码在线观看。

致谢

本次教材修订（新编）工作得到了河北、山西、黑龙江、江苏、山东、河南、湖北、湖南、广东、重庆等省（直辖市）人力资源社会保障厅（局）及有关学校的大力支持，在此我们表示诚挚的谢意。

编者

2023 年 4 月

目 录

CONTENTS

项目一

图形设计

Illustrator 是 Adobe 公司推出的一款优秀的矢量图形编辑软件，用它制作的矢量图形具有清晰的轮廓及良好的缩放性，可将这些图形任意缩小、放大、扭曲变形、改变颜色，而不用担心图形会产生锯齿。矢量图形所占空间较小，易于修改，被广泛应用于标志设计、版式设计、广告设计、插画设计、包装设计、产品效果图、网页设计、招贴设计等诸多领域，一些利用 Illustrator 设计绘制的图形如图 1-0-1 所示。

本项目从 Illustrator 2021 的工作界面入手，简单介绍文档的建立、保存与导出的方法，重点介绍椭圆工具、矩形工具、圆角矩形工具、选择工具的使用方法和技巧，以及"对齐"面板、"路径查找器"面板的用法，帮助用户在图形的绘制过程中，逐渐领会和掌握图形的绘制技巧，通过相关知识的学习和基本技能的训练，为进一步使用 Illustrator 2021 打下坚实的基础。

版式设计

插画设计

包装设计 招贴设计

图 1-0-1 利用 Illustrator 设计绘制的图形

任务 1 制作标识

1. 认识 Adobe Illustrator 2021 的工作界面构成。

2. 掌握椭圆工具、矩形工具、圆角矩形工具的使用方法。

3. 掌握填充与描边对象的方法。

4. 掌握"对齐"面板的使用方法。

5. 掌握"路径查找器"面板的使用方法。

6. 能新建、保存与导出文件。

7. 能利用椭圆工具、矩形工具、圆角矩形工具以及填充、描边功能等制作简单标识。

任务描述

本任务是一个简单的基本图形绘制实例，主要利用椭圆工具、矩形工具、圆角矩形工具以及"对齐"面板、"路径查找器"面板来绘制中国银行标识，效果如图 1-1-1 所示。要完成本任务的学习，除了掌握图形的绘制技巧之外，还要掌握图形填充与描边的方法。

图 1-1-1　中国银行标识
效果图

相关知识

Illustrator 软件的适用对象非常广泛。Adobe 公司最新发布的 Adobe Illustrator 2021 采用更加高效、灵活的工作界面，使用户可以通过较少的单击操作和步骤完成常用的操作功能。其完善的矢量绘制工具可以帮助用户快速又精确地进行设计。由于 Adobe Illustrator 与行业领先的 Adobe Photoshop、InDesign、After Effects、Acrobat 以及其他产品的紧密结合，使得其绘制的图形从设计到打印或数字输出能得以顺利完成。

一、Illustrator 2021 的工作界面

用鼠标双击 Adobe Illustrator 2021 图标 ，或选择"开始"→"所有程序"→"Adobe Illustrator 2021"命令，可启动 Adobe Illustrator 2021 软件，其启动界面如图 1-1-2 所示。

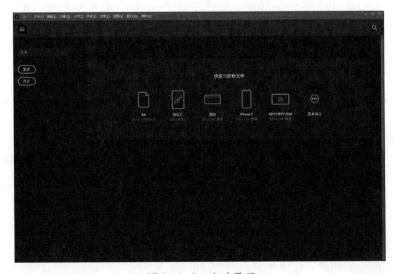

图 1-1-2　启动界面

在启动界面中，执行"文件"→"新建"命令或按"Ctrl+N"组合键，可打开"新建文档"对话框，如图 1-1-3 所示。

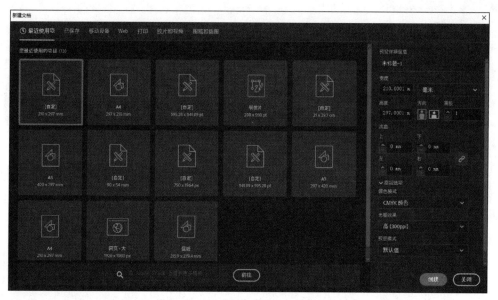

图 1-1-3 "新建文档"对话框

 小贴士

　　根据行业的不同，Illustrator 软件将常用的尺寸进行了分类，用户可以根据实际情况在预设中找到需要的尺寸。如果用于排版和印刷，可以选择"打印"选项卡，即可在下方看到常用的打印尺寸；如果用于计算机和手机端，可以选择"移动设备"选项卡，即可在下方看到常用的电子移动设备的尺寸。

在对话框中单击"创建"按钮，创建一个新文档，此时进入 Illustrator 2021 的工作界面，如图 1-1-4 所示。

Illustrator 2021 的工作界面包含菜单栏、控制栏、文档窗口、工具箱、面板、绘图区和状态栏等内容，下面分别对各项做简单介绍。

1. 菜单栏

菜单栏位于 Illustrator 2021 工作界面顶部，它包含文件、编辑、对象、文字、选择、效果、视图、窗口和帮助共九个菜单项，如图 1-1-5 所示。每一个菜单可完成相应的操作。

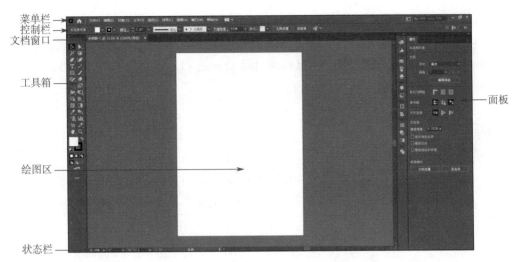

图 1-1-4　Illustrator 2021 的工作界面

图 1-1-5　菜单栏

2．控制栏

当用户选择一个图形对象后，在菜单栏下方的控制栏中就会显示该对象的属性和参数，如图 1-1-6 所示。控制栏根据所选工具和对象的不同来显示不同的内容，利用它可以轻松地对图形进行大多数的编辑操作。将鼠标指针移至控制栏最左侧，按住鼠标左键并拖动，可将控制栏放置在工作界面中的任意位置。

图 1-1-6　控制栏

小贴士

如果控制栏默认情况下没有显示，可以执行"窗口"→"控制"命令，显示出控制栏。

3．文档窗口

在 Illustrator 2021 中，每新建或打开一个文档，便会创建一个文档窗口，这里是显示和编辑图形的区域。

4．工具箱

工具箱位于工作界面的左侧，它包含了用于绘制和编辑图形的工具。将鼠标指针停放在工具上方，会显示工具名称和快捷键，需要使用某个工具时，单击该工具即可。右下角有三角形图标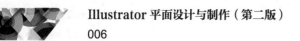的是工具组，在工具图标上按住鼠标左键或单击鼠标右键，可以显示该工具组中的隐藏工具。将鼠标指针移动到某个工具上并单击，即可选择该工具。要移动工具箱，可以拖动其标题栏。

 小贴士

如果工具箱中的部分工具没有显示，可以单击工具箱底部的按钮，打开"所有工具"菜单，然后在菜单中选择相应的工具。

5. 面板

默认情况下，面板位于工作界面的右侧，用于配合编辑图形、设置工具参数和选项。面板可以编组、堆叠和移动。要打开面板，只需从"窗口"菜单中选择相应的命令即可；要关闭某个面板，单击面板中的"关闭"按钮即可。

6. 绘图区

绘图区是 Illustrator 2021 的工作区域，包括画板和画布。画板是绘制、编辑和处理图形的区域，画板之外的区域为画布。

7. 状态栏

状态栏位于工作界面的最下方，用于显示当前文档视图的缩放比例、当前使用的工具等信息。用户可在显示比例编辑框中选择或直接输入数值来改变视图的显示比例。

二、文档的保存与导出

1. 文档的保存

制作完成后，执行"文件"→"存储"命令或按"Ctrl+S"组合键，可以保存文档。如果想更换文档位置、名称或者格式，可以执行"文件"→"存储为"命令，在"存储为"对话框中选择"Adobe Illustrator（*.AI）"保存类型，输入文件名，单击"保存"按钮即可保存该文档。

2. 文档的导出

"*.AI"格式是 Illustrator 的默认保存类型，这样保存的文档只能在 Illustrator 软件中使用，在其他软件中不方便使用。

为了使 Illustrator 制作出的图形在其他软件中也能广泛应用，可执行"文件"→"导出"命令，打开"导出"对话框，如图 1-1-7 所示。在"导出"对话框中指定文档的保存位置，选择需要的保存类型，输入文件名，单击"保存"按钮即可导出该文档。

图 1-1-7　"导出"对话框

小贴士

　　JPEG 格式是通用图像格式,在任何图形图像编辑软件中都可以使用。在弹出的"JPEG 选项"对话框中可以设置"颜色模式""品质"等选项。为了让画质清晰,可以设置"品质"为"最高","分辨率"为"高(300 ppi)"。

　　如果要将文档导出为其他格式,在"保存类型"中选择需要的类型即可。

三、矩形工具 ▣

　　矩形工具 ▣ 用于绘制长方形和正方形。选择矩形工具,在页面中直接拖动鼠标可绘制出矩形,按住"Shift"键的同时拖动鼠标可绘制出正方形。

　　选择矩形工具,在页面中单击鼠标左键,可弹出"矩形"对话框,如图 1-1-8 所示。在对话框中分别设置矩形的宽度和高度,可绘制出精确尺寸的矩形。

　　绘制出的矩形四角内部都有一个控制点 ◉,按住并拖动这个控制点即可调整矩形四角的圆度,将矩形变成圆角矩形,如图 1-1-9 所示。

图 1-1-8　"矩形"对话框

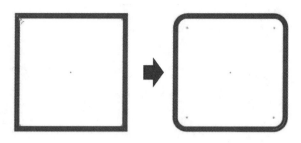

图 1-1-9　将矩形变成圆角矩形

 小贴士

　　按住"Alt"键的同时拖动鼠标，可绘制出以鼠标指针为中心点向四周延伸的矩形。同时按住"Alt"键和"Shift"键拖动鼠标，可绘制出以鼠标指针为中心的正方形。后面要讲的圆角矩形工具、椭圆工具等也与此类似。

四、圆角矩形工具

　　圆角矩形工具用于绘制圆角矩形。按住工具箱中的"矩形工具"按钮，可从弹出的工具组中选择圆角矩形工具，如图 1-1-10 所示。

　　选择圆角矩形工具后，在页面中直接拖动鼠标可绘制出圆角矩形，按住"Shift"键的同时拖动鼠标可绘制正圆角矩形。选择圆角矩形工具后，在页面中单击鼠标左键，可弹出"圆角矩形"对话框，如图 1-1-11 所示。在对话框中分别设置圆角矩形的宽度、高度和圆角半径，可绘制出精确尺寸的圆角矩形。

图 1-1-10　选择圆角矩形工具

图 1-1-11　"圆角矩形"对话框

五、椭圆工具

　　椭圆工具用于绘制椭圆形和圆形。按住工具箱中的"矩形工具"按钮，可从弹出的工具组中选择椭圆工具，如图 1-1-12 所示。

选择椭圆工具后在页面中直接拖动鼠标可绘制出椭圆形，按住"Shift"键的同时拖动鼠标可绘制出圆形。

选择椭圆工具后在页面中单击鼠标左键，可弹出"椭圆"对话框，如图 1-1-13 所示。在对话框中分别设置椭圆的宽度和高度，可绘制出精确尺寸的椭圆形。

图 1-1-12　选择椭圆工具　　　　　　　　图 1-1-13　"椭圆"对话框

选择绘制的圆形，将鼠标指针移动至圆形控制点 ⊛ 处，待其变为 ▸ 形状后按住鼠标左键拖动，可将圆形调整为饼图形状，如图 1-1-14 所示。

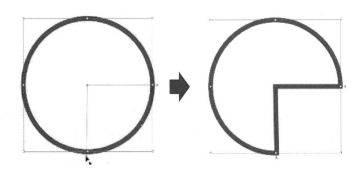

图 1-1-14　将圆形调整为饼图形状

六、选择工具 ▸

选择工具 ▸ 用于选择目标对象、修改对象大小以及移动和复制对象。

1. 选择对象

在对象上单击鼠标左键即可选择一个对象。若要选择多个对象，可按住"Shift"键逐个单击或者拖动鼠标进行框选。

2. 移动、复制对象

选择对象后拖动鼠标可移动对象，按住"Alt"键的同时拖动鼠标可复制对象。

3. 缩放对象

选择对象后将鼠标指针放置在对象的四个角或者四个边的控制点上拖动，即可改变对象的大小。

4. 旋转对象

选择对象后将鼠标指针放置在对象的四个角上，当鼠标指针变为 ↰ 形状后，拖动鼠标可旋转对象。

小贴士

对象的复制与移动：

（1）选中对象后，双击"选择工具"，打开"移动"对话框，设置参数，单击"确定"按钮即可移动对象，单击"复制"按钮即可复制并移动对象。

（2）选中对象后，执行"对象"→"变换"→"移动"命令同样可以打开"移动"对话框，完成对象的复制和移动操作。

七、对象的填充与描边

1. 填充对象

方法一：选择对象后，在控制栏中单击"填充"按钮，打开图 1-1-15 所示的"色板"面板。在"色板"面板中单击要填充的颜色，可为对象进行填充。如果单击"无填充颜色"按钮，则取消对象的填充。

方法二：选择对象后，在工具箱中双击"填色"按钮，如图 1-1-16 所示，打开"拾色器"对话框，如图 1-1-17 所示。在"拾色器"对话框中用户可以在"选择颜色"框中单击需要的颜色，也可以在右下角的 CMYK 模式中设置颜色的数值，单击"确定"按钮，即可用指定颜色填充对象。

2. 描边对象

方法一：选择对象后，在控制栏中单击"描边"按钮，打开图 1-1-18 所示的"色板"面板。在"色板"面板中单击要描边的颜色，可为对象添加描边颜色。如果单击"无填充颜色"按钮，则取消对象的描边。

方法二：选择对象后，在工具箱中双击"描边"按钮，如图 1-1-16 所示，打开图 1-1-17 所示的"拾色器"对话框，可在"拾色器"对话框中设置颜色，完成对象的描边。

"无填充颜色"按钮　　　"填充"按钮

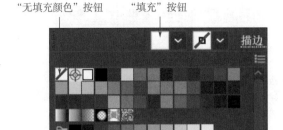

图 1-1-15　"色板"面板

"填色"按钮————
————"描边"按钮

图 1-1-16　"填色"/"描边"按钮

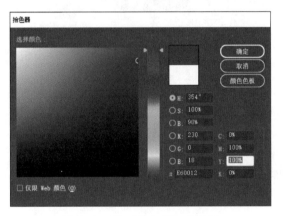

图 1-1-17　"拾色器"对话框

"无填充颜色"按钮　　　"描边"按钮

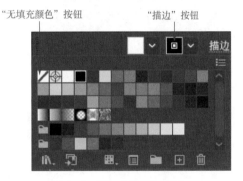

图 1-1-18　"色板"面板

八、"对齐"面板

"对齐"面板可以将多个对象按照一定的规律进行排列。执行"窗口"→"对齐"命令，打开图 1-1-19 所示的"对齐"面板。在"对齐"面板中选择相应的按钮，可调整对象之间的对齐方向和分布间距。

默认情况下对齐方式为"对齐所选对象"。可以在"对齐"面板底部的扩展菜单中进行设置，如图 1-1-20 所示，设置不同的对齐方式得到的对齐或分布效果也各不相同。

水平对齐　　　　　垂直对齐

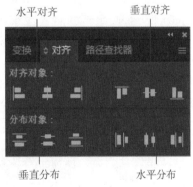

垂直分布　　　　　水平分布

图 1-1-19　"对齐"面板

对齐所选对象：按照所选定的对象来对齐对象，此方式为默认方式。

对齐画板：按照画板来对齐对象。

对齐关键对象：按照关键对象来对齐对象，此方式默认情况下不可用，只有在选定关键对象时才可使用。选定关键对象后，关键对象的轮廓会加粗显示，如图 1-1-21 所示。

图 1-1-20　"对齐"面板底部的扩展菜单

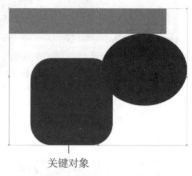

关键对象

图 1-1-21　关键对象

 小贴士

　　如果没有显示对齐方式选项，可以单击"对齐"面板右上角的扩展按钮 ，在弹出的扩展菜单中选择"显示选项"命令，即可显示所有对齐方式选项。

九、"路径查找器"面板

　　"路径查找器"面板用于修改对象的外观，从而产生新的路径或编组。执行"窗口"→"路径查找器"命令，可打开图 1-1-22 所示的"路径查找器"面板。同时选择多个对象，在"路径查找器"面板中单击相应的按钮可以得到不同的组合效果。

　　"路径查找器"面板中各按钮的功能如下。

　　联集：将两个或多个对象合并为一个对象。

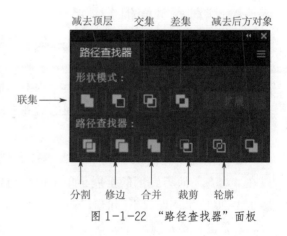

图 1-1-22　"路径查找器"面板

　　减去顶层：减去上方对象重叠在下方对象的部分，只保留下方对象未重叠的部分。

　　交集：保留几个对象交叉重叠的部分。

差集：删除几个对象之间重叠的部分，保留未重叠的部分。

分割：以对象重叠的部分为中心将其分割为几个部分。

修边：用位于上方的对象修整位于下方的对象。

合并：下方和上方对象为同一颜色时进行合并。

裁剪：只保留与最上方对象相重叠的部分，而其余部分被裁剪。

轮廓：只保留对象的轮廓，而其余部分将不再显示。

减去后方对象：只保留位于上方的对象中未重叠的部分，而其余部分被删除。

操作演示

1. 新建 Illustrator 文档

启动 Illustrator 2021 应用程序后，执行"文件"→"新建"命令，弹出"新建文档"对话框，在对话框的"预设详细信息"选项中输入"中国银行"，设置文档宽度为 210 mm、高度为 297 mm，方向为"纵向"，如图 1-1-23 所示。单击"创建"按钮，新建文档如图 1-1-24 所示。

图 1-1-23　"新建文档"对话框

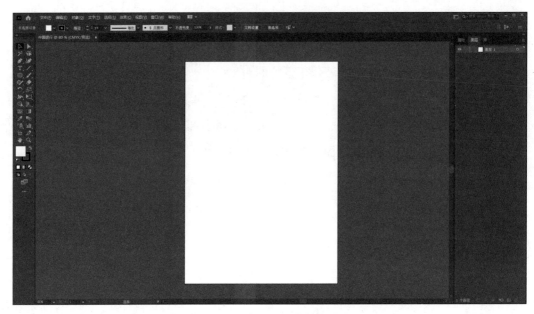

图 1-1-24　新建文档

2. 制作圆环

（1）选择椭圆工具 ⬤，在页面中单击鼠标左键，在弹出的"椭圆"对话框中设置宽度和高度均为 100 mm，"椭圆"对话框如图 1-1-25 所示。单击"确定"按钮，得到如图 1-1-26 所示的圆形。

图 1-1-25　"椭圆"对话框

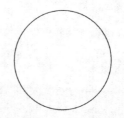

图 1-1-26　绘制圆形

（2）使用选择工具 ▷ 选择绘制的圆形，在控制栏中单击"填充"按钮，在"色板"面板中单击红色（C0，M100，Y100，K0）按钮，为圆形填充红色，无描边色，如图 1-1-27 所示。

（3）选择椭圆工具 ⬤，在圆形上方绘制一个尺寸为 80 mm × 80 mm 的圆形、填充为白色（C0，M0，Y0，K0），无描边色，如图 1-1-28 所示。

（4）使用选择工具 ▷，按住"Shift"键分别单击两个圆形，将其同时选中，如图 1-1-29 所示。打开"对齐"面板，在"对齐"面板中分别单击"水平居中对齐""垂直居中对齐"按钮，使两个圆形中心对齐，如图 1-1-30 所示。

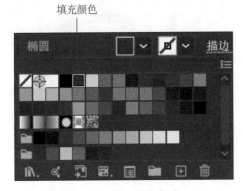

图 1-1-27 填充颜色

图 1-1-28 绘制白色圆形

图 1-1-29 同时选中两个圆形

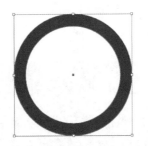

图 1-1-30 两个圆形中心对齐

（5）保持两个圆形为选中状态，打开"路径查找器"面板，单击"减去顶层"按钮，"路径查找器"面板如图 1-1-31 所示。此时，页面中得到了一个圆环，如图 1-1-32 所示。

图 1-1-31 "路径查找器"面板

图 1-1-32 制作圆环

3. 制作"中"字

（1）选择矩形工具█，在页面中单击鼠标左键，在弹出的"矩形"对话框中设置矩形的宽度为 10 mm、高度为 90 mm，"矩形"对话框如图 1-1-33 所示。单击"确定"

按钮，在页面中绘制一个矩形。给矩形填充红色，无描边色，如图 1-1-34 所示。

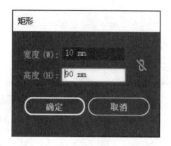

图 1-1-33 "矩形"对话框

图 1-1-34 绘制矩形

（2）使用选择工具 框选矩形和圆环。在"对齐"面板中分别单击"水平居中对齐""垂直居中对齐"按钮，使其中心对齐。

（3）打开"路径查找器"面板，单击"联集"按钮，如图 1-1-35 所示。此时，两个对象组合在一起，形成了一个新对象，组合对象的效果如图 1-1-36 所示。

图 1-1-35 "路径查找器"面板

图 1-1-36 组合对象的效果

（4）选择圆角矩形工具 ，在页面中单击鼠标左键，从弹出的"圆角矩形"对话框中设置圆角矩形的宽度为 50 mm、高度为 40 mm、圆角半径为 10 mm，"圆角矩形"对话框如图 1-1-37 所示。单击"确定"按钮，在页面中绘制一个圆角矩形。给圆角矩形填充红色，无描边色，如图 1-1-38 所示。

（5）使用选择工具 框选两个对象，在"对齐"面板中分别单击"水平居中对齐""垂直居中对齐"按钮，中心对齐对象，如图 1-1-39 所示。

（6）打开"路径查找器"面板，单击"联集"按钮，使两个对象组合在一起，形成一个新对象，组合对象的效果如图 1-1-40 所示。

图 1-1-37　"圆角矩形"对话框

图 1-1-38　绘制圆角矩形

图 1-1-39　中心对齐对象

图 1-1-40　组合对象的效果

（7）选择矩形工具■，在页面中单击鼠标左键，从弹出的"矩形"对话框中设置矩形的宽度为 25 mm、高度为 20 mm，单击"确定"按钮，在页面中绘制一个矩形。给矩形填充白色，无描边色，如图 1-1-41 所示。

（8）使用选择工具▶框选两个对象，在"对齐"面板中分别单击"水平居中对齐""垂直居中对齐"按钮，中心对齐对象，如图 1-1-42 所示。

（9）打开"路径查找器"面板，单击"减去顶层"按钮，形成一个新对象，效果如图 1-1-43 所示。

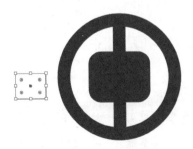

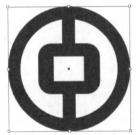

图 1-1-41　绘制白色矩形　　图 1-1-42　中心对齐对象　　图 1-1-43　中国银行标识最终效果

4. 保存与导出文件

（1）执行"文件"→"存储"命令，在弹出的"存储为"对话框中选择文件的保存位置，文件名默认，保存类型为"Adobe Illustrator（*.AI）"，单击"保存"按钮。

（2）执行"文件"→"导出"→"导出为"命令，在"导出"对话框中选择文件的导出位置，文件名默认，导出类型为"JPEG（*.JPG）"，单击"导出"按钮，这样文档就导出成一个 JPEG 格式的文件，方便用户使用此文件。导出的效果图如图 1-1-1 所示。

任务 2　制作名片

1. 能使用标尺、参考线和网格定位对象。

2. 掌握"变换"面板的使用用法。

3. 能复制、缩放和排列对象。

4. 能使用剪切蒙版修剪对象。

5. 掌握文字工具的使用方法。

6. 掌握直线段工具的使用方法。

7. 能编组与解组、锁定与隐藏对象。

8. 能利用矩形工具、文字工具、编辑及辅助工具等制作名片。

本任务是一个名片制作实例，主要利用矩形工具、文字工具及"变换"面板等为中国银行职业经理人制作名片，效果如图 1-2-1 所示。要完成本任务，除了要掌握基本图形的绘制方法之外，还要了解名片的标准尺寸、出血、CMYK 模式、分辨率等相关概念，学会使用标尺、参考线和网格定位对象，复制并缩放对象，排列对象的顺序，使用剪切蒙版修剪对象。

图 1-2-1　中国银行名片效果图

一、标尺、参考线和网格

在编辑对象时，使用标尺、参考线和网格等辅助工具有助于对对象进行更加精确的编辑。

1. 标尺和参考线

要应用标尺和参考线，可执行"视图"→"标尺"→"显示标尺"命令或按"Ctrl+R"组合键以显示标尺，然后从标尺上拖出参考线至页面中，以添加参考线。

执行"视图"→"参考线"命令，可弹出参考线的级联菜单，如图 1-2-2 所示。

隐藏参考线(U)	Ctrl+;
锁定参考线(K)	Alt+Ctrl+;
建立参考线(M)	Ctrl+5
释放参考线(L)	Alt+Ctrl+5
清除参考线(C)	

图 1-2-2　参考线级联菜单

（1）隐藏参考线

执行此命令后，可隐藏页面中的参考线，此命令更换为"显示参考线"命令。用户可执行"视图"→"参考线"→"显示参考线"命令，再次显示参考线。

（2）锁定参考线

执行此命令后，页面中的参考线被锁定，不能编辑和移动。

（3）建立参考线

此命令只有在页面中建立对象后方可使用。Illustrator 2021 中的任何形状对象都可用作参考线，方法是：首先在页面中绘制一个对象，然后执行"视图"→"参考线"→"建立参考线"命令，此对象即可作为参考线使用。

（4）释放参考线

执行此命令后，页面中的参考线还原为对象。

（5）清除参考线

执行此命令后，清除页面中的所有参考线。如果还要使用参考线必须重新建立。

2. 网格

网格可充当编辑对象时的对象框架，以便定位和对齐对象。执行"视图"→"显示网格"命令即可显示网格。如果要对网格的角度进行调整，可执行"编辑"→"首选项"→"常规"命令，在弹出的"首选项"对话框中设置"约束角度"选项，如图 1-2-3a 所示。如果要使网格能够在图形上方显示，可执行"编辑"→"首选项"→"参考线和网格"命令，在弹出的"首选项"对话框中取消勾选"网格置后"复选框，如图 1-2-3b 所示。

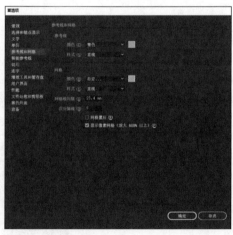

a）　　　　　　　　　　　　　　　　　　b）

图 1-2-3 "首选项"对话框

a）设置"约束角度"选项　b）取消勾选"网格置后"复选框

小贴士

在"首选项"对话框中还可以更改参考线和网格的颜色以及选择线条类型等。

二、"变换"面板

执行"窗口"→"变换"命令，可以打开"变换"面板。"变换"面板用于精准调整对象位置、大小、旋转角度、斜切角度等，如图1-2-4所示。单击面板右上角的扩展按钮█，在弹出的扩展菜单中执行相应的命令，可以进行更多的操作。

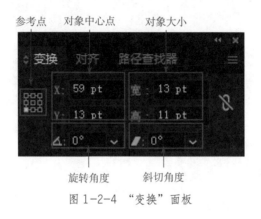

图 1-2-4 "变换"面板

三、比例缩放工具█

比例缩放工具可对图形进行任意缩放。选中要进行缩放的对象，双击工具箱中的"比例缩放工具"按钮，弹出"比例缩放"对话框，如图1-2-5所示。在对话框中设置所需参数，单击"确定"按钮可缩放对象；单击"复制"按钮，可复制并缩放对象。比例缩放对话框中各选项的功能如下。

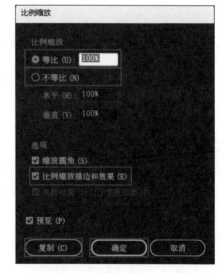

1. 比例缩放

比例缩放有等比缩放和不等比缩放两种。等比缩放是指对象将按指定的比例在水平和垂直方向上同时缩放，不等比缩放需要在下方的"水平"和"垂直"项中分别输入水平和垂直缩放的数值。

图 1-2-5 "比例缩放"对话框

2. 选项

勾选"缩放圆角"复选框，可控制缩放过程中缩放与不缩放圆角的半径。勾选"比例缩放描边和效果"复选框，将按比例缩放对象的描边和效果，否则只缩放对象。当使用图案填充对象后，"变换对象""变换图案"两项变为可选。

3. 预览

勾选"预览"复选框，可以在设置的同时预览变换效果。

4. 复制

单击"复制"按钮，可在缩放变换对象的同时复制对象，原对象形状保持不变。

5. 确定

单击"确定"按钮，只缩放变换原对象，不形成新的对象。

小贴士

对象的复制与缩放：选中对象后，执行"对象"→"变换"→"缩放"命令同样可以打开"比例缩放"对话框，完成对象的复制与缩放。

四、剪切蒙版

剪切蒙版是以一个图形为容器，限定另一个图形显示的范围。例如，在一个作品完成之后，有超出画板以外的内容，就可以使用剪切蒙版将多出画板的内容进行隐藏，或者制作带有底纹的文字，可以利用文字作为容器，将图形放置在其中，使之只显示文字内部的图形。

剪切蒙版通常位于图层的上方，而下方的所有子图层为被蒙版对象。作为剪切蒙版的图形只能是矢量图形，而被蒙版对象可以是矢量图形，也可以是位图图像。

创建剪切蒙版的常用方法有以下两种。

方法一：首先在对象最上层添加蒙版路径，然后框选最上层路径和需要应用蒙版的对象，执行"对象"→"剪切蒙版"命令，弹出剪切蒙版的级联菜单，如图 1-2-6 所示。在级联菜单中选择"建立"命令，即可创建剪切蒙版。

当建立了剪切蒙版后，级联菜单中的后两项命令被激活，激活后的剪切蒙版级联菜单如图 1-2-7 所示。此时从级联菜单中选择"编辑内容"命令，可对建立的剪切蒙版进行编辑，重新修剪对象。如果从级联菜单中选择"释放"命令，将释放对象，撤销建立的剪切蒙版。

建立(M)	Ctrl+7
释放(R)	Alt+Ctrl+7
编辑蒙版(E)	

图 1-2-6　剪切蒙版级联菜单

建立(M)	Ctrl+7
释放(R)	Alt+Ctrl+7
编辑内容(E)	

图 1-2-7　激活后的剪切蒙版级联菜单

方法二：选择要创建剪切蒙版的所有对象，单击鼠标右键，在弹出的快捷菜单中选择"建立剪切蒙版"命令，快捷菜单如图 1-2-8 所示。

图 1-2-8 快捷菜单

五、文字工具

文字工具用于在文档中添加文字。选择文字工具后在页面中单击即可输入文字，在字符控制栏中可设置字体、字体样式、字体大小和字体颜色等，如图 1-2-9 所示。

图 1-2-9 字符控制栏

按住工具箱中的"文字工具"按钮 **T**，从弹出的工具组中可以看到文字工具、区域文字工具、路径文字工具、直排文字工具、直排区域文字工具、直排路径文字工具、修饰文字工具这七个工具，如图 1-2-10 所示。

图 1-2-10 文字工具组

文字工具与直排文字工具的使用方法基本相同，区别在于使用直排文字工具输入的文字是由右向左垂直排列的。

六、直线段工具

直线段工具用来绘制直线段。按住"Shift"键，可以绘制水平、垂直或者倾斜 45°

的直线段。按住"Alt"键，则直线段会以起点为中心向两侧延伸。

如果要绘制精确尺寸的直线段，选择直线段工具后，在页面中单击鼠标左键，在弹出的"直线段工具选项"对话框中设置长度和角度，单击"确定"按钮即可绘制出精确尺寸的直线段，如图 1-2-11 所示。勾选"线段填色"复选框，将以当前填充颜色为线段填色。

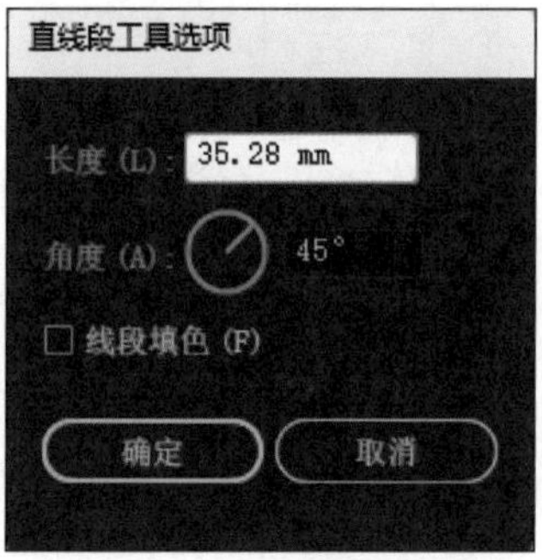

图 1-2-11　"直线段工具选项"对话框

七、设置对象的不透明度

在图形设计过程中，有时需要制作出朦胧的效果，一般可通过降低透明度的方法来实现这一目的，方法是：选中对象后，在控制栏中调整不透明度的值即可，如图 1-2-12 所示。不透明度值的范围为 100% ~ 0%，值越大对象越不透明，值越小对象越透明。

图 1-2-12　设置不透明度

八、对象的排列

在绘制图形时，为了达到预期的效果，有时需要调整对象的排列顺序。

方法一：选中要调整的对象，执行"对象"→"排列"命令，弹出排列的级联菜单，如图 1-2-13 所示。在级联菜单中选择相应命令即可调整对象在图层中的顺序。

方法二：选中要调整的对象，单击鼠标右键，在快捷菜单中选择"排列"，如图 1-2-14 所示。然后在排列级联菜单中选择相应命令即可调整对象在图层中的顺序。

小贴士

　　排列对象的方法：选择对象后，执行"对象"→"排列"菜单中的相应命令，或者单击鼠标右键，从弹出的快捷菜单中选择排列级联菜单中的相应命令。为了方便使用，用户也可以通过快捷键完成对象的排列操作，排列对象的快捷键如下。

　　（1）置于顶层："Shift+Ctrl+]"

　　（2）前移一层："Ctrl+]"

　　（3）后移一层："Ctrl+ ["

　　（4）置于底层："Shift+Ctrl+ ["

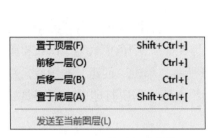

图 1-2-13　排列级联菜单　　　　　　图 1-2-14　排列快捷菜单

九、对象的编组与解组

在图形设计过程中，有时需要将多个对象组合在一起，以便于更好地管理对象，其方法为：选择要编组的对象，执行"对象"→"编组"命令或按"Ctrl+G"组合键，也可以单击鼠标右键，在弹出的快捷菜单中执行"编组"命令，即可将选择的对象编组。编组后，单击组中的任何一个对象，都将选中该组的所有对象。

当不需要编组时，可以选中编组的对象，执行"对象"→"取消编组"命令或按"Shift+Ctrl+G"组合键，也可以单击鼠标右键，在弹出的快捷菜单中执行"取消编组"命令，即可将选择的编组对象解组。

十、对象的锁定与隐藏

在编辑对象时，如果既要看到对象又要避免意外拖动对象，可在选中对象后执行"对象"→"锁定"命令，在弹出的级联菜单中选择相应的命令，以锁定相应的对象或图层等。锁定对象后不可任意拖动或更改对象。

如果需要再次编辑对象，可选中对象后执行"对象"→"全部解锁"命令，以解除对象的锁定状态。

在操作过程中，如果一些图形影响到其他对象的查看和编辑，可执行"对象"→"隐藏"命令，在弹出的级联菜单中选择相应的命令，以隐藏指定的对象或图层等。隐藏后的对象仍然存在于图像文件中，但却不可见，也不可编辑。

如果需要再次编辑对象，可执行"对象"→"显示全部"命令，解除对象的隐藏。

任务实施

1. 新建 Illustrator 文档

启动 Illustrator 2021 应用程序后，执行"文件"→"新建"命令，弹出"新建文档"对话框。在对话框中的"预设详细信息"选项中输入"名片"，设置名片的宽度为 90 mm、高度为 54 mm，方向为"横向"，设置出血均为 3 mm，颜色模式为"CMYK 颜色"模式，光栅效果为"高（300 ppi）"，如图 1-2-15 所示。单击"创建"按钮后，新建文档中的白色区域是文档的图像范围，红色边框为出血线，需要打印的内容都要放置在文档图像范围内，如图 1-2-16 所示。

小贴士

1. 名片的标准尺寸

名片的标准大小（指成品尺寸）为 90 mm×54 mm。此比例符合最佳和谐视觉的黄金比例 1∶0.618，所以长宽比为 1∶0.618 的矩形也被称为黄金矩形。

2. 名片的出血

名片的出血是指名片插图或者不同颜色混合色彩超过名片裁切线，设计时必须在裁切线外留出一定的余量，这个余量就是出血。单击"锁定"按钮 ，可以统一所有方向的出血线的位置。

3. 颜色模式

CMYK 模式是用于印刷输出的颜色模式；RGB 模式是用于数字化浏览的颜色模式。

4. 光栅效果

光栅效果即分辨率，ppi 是每英寸像素数。准备以较高分辨率输出到高端打印机时，可以将此选项设置为"高（300 ppi）"。

2. 绘制矩形

（1）选择矩形工具 ，在页面中单击鼠标左键，在弹出的"矩形"对话框中设置矩形的宽度为 96 mm、高度为 60 mm，如图 1-2-17 所示。单击"确定"按钮，矩形填充为白色，无描边色。

（2）打开"对齐"面板，在"对齐"面板中分别单击"水平居中对齐""垂直居中

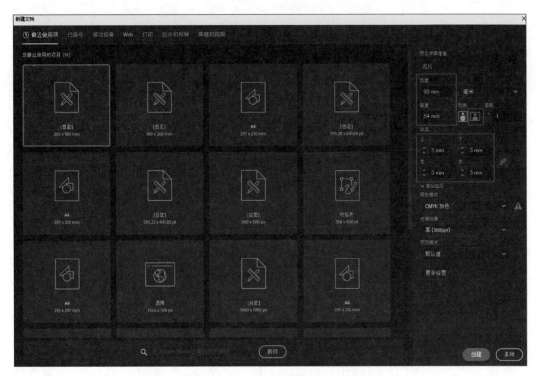

图 1-2-15　"新建文档"对话框

图 1-2-16　新建文档

对齐"按钮，使矩形与页面相吻合，如图 1-2-18 所示。

图 1-2-17　"矩形"对话框

图 1-2-18　绘制与页面相吻合的矩形

3. 制作标志

（1）执行"文件"→"打开"命令，打开素材"中国银行标识 .ai"文件，选择页面中的中国银行标识，将其复制粘贴到当前文档中，效果如图 1-2-19 所示。

（2）双击"比例缩放工具"按钮，打开"比例缩放"对话框。在对话框的"等比"选项中输入"70%"，如图 1-2-20 所示。单击"确定"按钮，缩放的中国银行标识效果如图 1-2-21 所示。

操作演示

图 1-2-19　复制粘贴中国银行标识效果

图 1-2-20　"比例缩放"对话框

图 1-2-21　缩放的中国银行标识效果

（3）打开"变换"面板，设置参考点为对象的中心点，中心点的位置为 X：26 mm，Y：9 mm，如图 1-2-22 所示。设置完成后单击"Enter"键进行确认。执行"视图"→"标尺"→"显示标尺"命令，显示标尺，从垂直标尺区拖拽出一条参考线与标识左对齐。在参考线上单击鼠标右键，在弹出的快捷菜单中选择"锁定参考线"命令，修改标识位置效果如图 1-2-23 所示。

图 1-2-22 "变换"面板

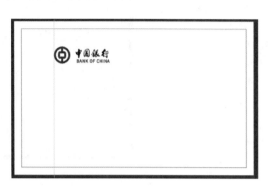

图 1-2-23 修改标识位置效果

4. 制作底纹

（1）按住"Alt"键，单击鼠标左键并拖动，复制中国银行标识。单击鼠标右键，在弹出的快捷菜单中选择"取消编组"命令，删除文字部分，只保留标识的图形部分。选中标识，打开"变换"面板，设置宽度和高度均为 60 mm，设置中心点的位置为 X：93 mm，Y：27 mm，设置完成后单击"Enter"键进行确认，效果如图 1-2-24 所示。

（2）再次复制中国银行标识，填充为灰色（C12，M9，Y9，K0）。选中标识，在"变换"面板中设置中心点的位置为 X：-3 mm，Y：54 mm，设置完成后单击"Enter"键进行确认，效果如图 1-2-25 所示。

图 1-2-24 复制中国银行标识效果

图 1-2-25 再次复制中国银行标识效果

（3）选中名片白色底色，按"Ctrl+C"组合键复制对象，按"Ctrl+F"组合键原位粘贴对象。单击鼠标右键，执行"排列"→"置于顶层"命令，将原位复制的白色矩形置于顶层。按住"Shift"键同时选中原位复制的白色矩形与两个标识，单击鼠标右键，执行"建立剪切蒙版"命令，效果如图 1-2-26 所示。

图 1-2-26　创建剪切蒙版效果

 小贴士

　　复制对象的常用方法如下。

　　（1）"Ctrl+C"和"Ctrl+V"组合键是众多操作环境下所共用的复制和粘贴快捷键，而在 Illustrator 中，复制和粘贴在此基础上有更多的应用方法。复制对象后，若按"Ctrl+F"组合键，可在所选对象的前面粘贴对象；若按"Ctrl+B"组合键，可在所选对象的后面粘贴对象；若按"Ctrl+Shift+V"组合键，可就地粘贴对象。

　　（2）按住"Alt"键的同时移动对象，即可完成对象的复制。

　　（3）按住"Alt + Shift"组合键的同时移动对象，即可平移并复制对象。

5. 添加文字

　　（1）选择文字工具 $\boxed{\text{T}}$ ，在页面中输入文字"靳嘉豪"。在控制栏中设置字体为"思源黑体 CN Bold"，字体大小为 12 pt，字体颜色为深红色（C45，M99，Y94，K14）。单击"字符"按钮，在弹出的面板中设置字距为 –60，"字符"面板设置如图 1-2-27 所示，添加文字效果如图 1-2-28 所示。

图 1-2-27　"字符"面板设置

图 1-2-28　添加文字效果

 小贴士

　　"字符"面板可以设置字体、字体样式、字体大小、行距、垂直缩放比例、水平缩放比例、字距微调、字距调整、比例间距、前空、后空、基线偏移和字符旋转等，其中字符旋转是 Illustrator 所独有的。本例中使用了字距调整功能来调整字符之间的距离。

　　（2）选择文字工具，在"靳嘉豪"的右侧输入文字"副行长　经理"。设置字体为"思源黑体 CN Bold"，字体大小为 8 pt，字距为 –20，字体颜色为灰色（C86，M76，Y62，K34）。

　　（3）选择文字工具，在中文的下方输入英文"WANG FEI CHUAN ZHANG"。设置字体为"思源黑体 CN Medium"，字体大小为 4.2 pt，字距为 480，字体颜色为灰色（C86，M76，Y62，K34），添加英文效果如图 1-2-29 所示。

图 1-2-29　添加英文效果

（4）选择直线段工具 ◢ ，在页面中单击鼠标左键，在弹出的"直线段工具选项"对话框中设置直线段的长度为 4 mm、角度为 90°，如图 1-2-30 所示。单击"确定"按钮，在页面中绘制一条直线，设置直线描边粗细为 0.3 pt，描边颜色为浅灰色（C36，M29，Y27，K0），将其放置在名字与职位中间，如图 1-2-31 所示。

图 1-2-30 "直线段工具选项"对话框

图 1-2-31 绘制直线段

（5）打开素材"名片信息 .docx"文件，为名片添加其他文字。设置字体为黑色"思源黑体 CN Regular"，字体大小为 4 pt。单击"字符"按钮，设置字距为 60，行距为 2.6 mm，"字符"面板设置如图 1-2-32 所示。参照参考线调整各文字的位置，如图 1-2-33 所示。

图 1-2-32 "字符"面板设置

图 1-2-33 调整文字位置

（6）执行"文件"→"打开"命令，打开素材"图标 .ai"文件，选择图标文件，将其复制粘贴到当前文档中。执行"视图"→"参考线"→"隐藏参考线"命令隐藏参考线，如图 1-2-34 所示。

图 1-2-34　隐藏参考线

6. 保存与导出文件

（1）执行"文件"→"存储"命令，保存文件。

（2）执行"文件"→"导出"→"导出为"命令，导出文件，导出的效果图如图 1-2-1 所示。

任务 3　制作雨伞伞面

1. 掌握多边形工具的使用方法。

2. 掌握旋转工具的使用方法。

3. 掌握再次变换对象的方法。

4. 掌握渐变填充对象的方法。

5. 能利用多边形工具、直线段工具、旋转工具以及填充、编组、对齐等功能制作雨伞伞面等简单图形。

本任务是一个基本图形绘制实例，主要利用多边形工具、直线段工具、旋转工具等来制作中国银行雨伞伞面，效果如图 1-3-1 所示。要完成本任务，除了掌握图形的绘制技巧之外，还要掌握对象的渐变填充、编组、对齐方法以及再次变换对象的方法。

图 1-3-1　中国银行雨伞伞面效果图

一、多边形工具 ⬡

多边形工具 ⬡ 用于绘制三角形及具有更多直边的图形。按住工具箱中的"矩形工具"按钮 ▣，从弹出的工具组中选择多边形工具，如图 1-3-2 所示。

选择多边形工具后，在页面中直接拖动鼠标可绘制出多边形，按住"Shift"键的同时拖动鼠标，可绘制出正多边形。

如果要绘制固定边数的多边形，选择多边形工具后在页面中单击鼠标左键，在弹出的"多边形"对话框中设置半径和边数，单击"确定"按钮即可绘制需要的多边形，如图 1-3-3 所示。

图 1-3-2　选择多边形工具

图 1-3-3　"多边形"对话框

二、渐变填充对象

方法一：选择对象后在控制栏中单击"填充"按钮，打开图 1-3-4 所示的"色板"面板，在"色板"面板中单击渐变填充色块，即可渐变填充对象，效果如图 1-3-5 所示。

渐变填充色块

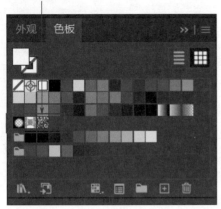

图 1-3-4 "色板"面板

图 1-3-5 渐变填充对象效果

方法二：双击工具箱中的渐变工具，或者执行"窗口"→"渐变"命令，打开"渐变"面板，如图 1-3-6 所示。"渐变"面板中的"类型"选项分为"线性""径向""任意形状渐变"三种，"渐变"面板下方有一个渐变控制条，在渐变控制条下方单击，可添加渐变滑块。如果要删除一个色标，可单击需要删除的色标，然后单击渐变控制条右侧的"删除色标"按钮，或者直接将其拖出面板外。如果要调整渐变角度，需要通过"角度"选项来更改。

用户可通过拖动渐变滑块来调整渐变填充的位置，通过设置各渐变滑块的颜色值来调整渐变填充的颜色，效果如图 1-3-7 所示。用户可通过拖动或旋转渐变控制条右侧的按钮来调整渐变填充效果。

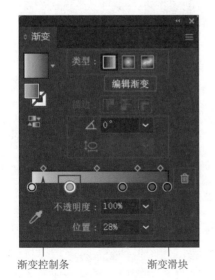

渐变控制条 渐变滑块

图 1-3-6 "渐变"面板

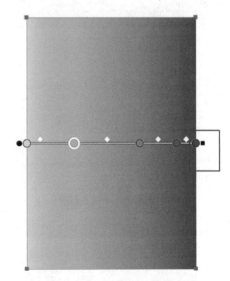

图 1-3-7 调整渐变填充效果

三、旋转工具

旋转工具用于精确旋转对象。选中对象后，双击工具箱中的"旋转工具"按钮，打开"旋转"对话框，如图1-3-8所示，在对话框中设置旋转角度，单击"确定"按钮，可旋转对象，单击"复制"按钮，可复制并旋转对象。

四、镜像工具

镜像工具可用于旋转或镜像选定的对象，具体使用方法如下。

1. 选定指定对象后，按住工具箱中的"旋转工具"按钮，从弹出的工具组中选择镜像工具，在页面中拖动对象可旋转对象，按住"Alt"键的同时拖动对象，可旋转复制对象。

2. 选中对象后，双击工具箱中的"镜像工具"，或者执行"对象"→"变换"→"镜像"命令，打开图1-3-9所示的"镜像"对话框进行准确的镜像操作。

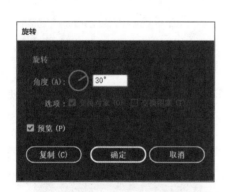

图1-3-8 "旋转"对话框

图1-3-9 "镜像"对话框

"镜像"对话框中"轴"选项组的含义如下："水平"单选项用于水平镜像对象，"垂直"单选项用于垂直镜像对象。选择其中一个单选项，再设置"角度"，单击"确定"按钮可按此角度的方向镜像对象。"水平"镜像的默认角度为0°，"垂直"镜像的默认角度为90°。在对话框中设置镜像的方向和角度，单击"复制"按钮可在镜像对象的同时复制该对象。

五、自由变换工具

自由变换工具可以直接对对象进行缩放、旋转、倾斜、扭曲等操作，常用于制作立体效果。单击工具箱中的"自由变换工具"，会弹出隐藏的工具组，从中可以选择所需工具进行相应的操作，如图1-3-10所示。例如，选择自由变换工具，按住对象上的控制点并拖动，可进行缩放、旋转、倾斜等操作，如图1-3-11所示。

图 1-3-10　自由
　　　变换工具组

　　　　　a）　　　　　　　　　　　b）　　　　　　　　　　　c）

图 1-3-11　自由变换对象
　　a）缩放　b）旋转　c）倾斜

　　单击"限制"按钮 ，接着使用自由变换工具进行缩放时，对象会按等比例进行缩放；进行旋转时，对象会以 45° 为增量进行旋转。

　　单击"透视扭曲"按钮 ，拖动控制点，能够使对象产生透视效果，如图 1-3-12 所示。

　　单击"自由扭曲"按钮 ，拖动控制点，能够使对象产生自由扭曲效果，如图 1-3-13 所示。

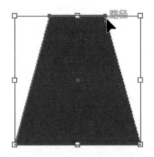 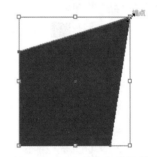

图 1-3-12　透视扭曲效果　　　　　　　图 1-3-13　自由扭曲效果

1. 新建 Illustrator 文档

　　启动 Illustrator 2021 应用程序后，执行"文件"→"新建"命令，弹出"新建文档"对话框，在对话框中的"预设详细信息"选项中输入"雨伞伞面"，设置文档宽度为 297 mm、高度为 210 mm，方向为"横向"，颜色模式为"CMYK 颜色"模式，光栅效果为"高（300 ppi）"，如图 1-3-14 所示。单击"创建"按钮后，新建文档如

图 1-3-15 所示。

图 1-3-14 "新建文
档"对话框设置

图 1-3-15 新建文档

2. 绘制多边形伞面

（1）选择多边形工具 ⬢，在页面中单击鼠标左键，在弹出的"多边形"对话框中设置多边形的半径为 100 mm、边数为 8，如图 1-3-16 所示，单击"确定"按钮在页面中绘制一个八边形。

（2）选择绘制的八边形，在"对齐"面板底部将"对齐所选对象"按钮更换为"对齐画板"按钮，然后分别单击"水平居中对齐""垂直居中对齐"按钮，使八边形位于页面中心，如图 1-3-17 所示。

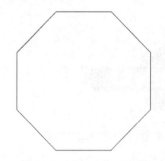

图 1-3-16 "多边形"对话框

图 1-3-17 对齐八边形

（3）打开"渐变"面板，选择"径向渐变"类型，设置渐变滑块的位置从左到右依次为 0%、100%，色值分别为橙红色（C0，M86，Y90，K0）和深红色（C50，

M100，Y100，K30），"渐变"面板设置如图 1-3-18a 所示，效果如图 1-3-18b 所示。

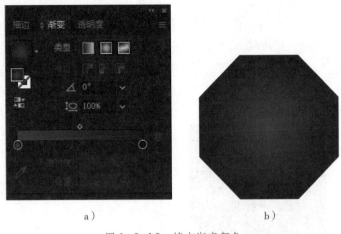

a）　　　　　　　　b）

图 1-3-18　填充渐变颜色

a）"渐变"面板设置　b）完成效果

3. 放置标志

（1）执行"文件"→"打开"命令，打开素材"中国银行标识 .ai"文件，选择中国银行标识，将其复制粘贴到当前文档中，如图 1-3-19 所示。

（2）选中标识，双击工具箱中的"旋转工具"按钮，打开"旋转"对话框，设置旋转角度为 180°，如图 1-3-20a 所示。单击"复制"按钮，复制并旋转标识，放置到图 1-3-20b 所示位置，按"Ctrl+G"组合键群组对象。

图 1-3-19　添加中国银行标识

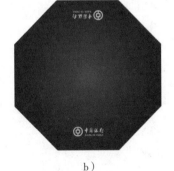

a）　　　　　　　　b）

图 1-3-20　旋转复制中国银行标识

a）"旋转"对话框　b）复制并旋转标识

4．制作伞棱

（1）使用多边形工具绘制与伞面相同大小的八边形。选择直线段工具
，在页面中单击鼠标左键，在弹出的"直线段工具选项"对话框中设置
直线的长度为 200 mm、角度为 67.5°，如图 1-3-21a 所示。单击"确定"按
钮，在页面中绘制一条直线，将直线放置到图 1-3-21b 所示的位置，与多边形对齐。

操作演示

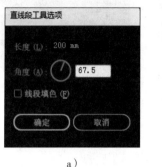
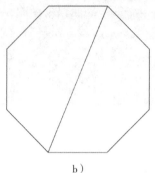

a)   b)

图 1-3-21 绘制直线

a)"直线段工具选项"对话框   b) 绘制并对齐直线

 小贴士

智能参考线可以更精确地辅助用户对齐对象。执行"视
图"→"智能参考线"命令，打开智能参考线，使用选择工具选择
对象并拖动，可使对象贴齐到其他对象上。本步骤也可使用智能参
考线通过拖动鼠标来对齐对象。

（2）双击工具箱中的"旋转工具"按钮，打开"旋转"对话框，设置旋转角度
为 45°，如图 1-3-22a 所示。单击"复制"按钮，复制并旋转直线，效果如图 1-3-22b
所示。

（3）按"Ctrl+D"组合键，复制并旋转直线，重复操作两次，完成伞棱的制作，效
果如图 1-3-23 所示。

 小贴士

执行"对象"→"变换"命令时，如果在对话框中选择了"复
制"按钮，按"Ctrl+D"组合键可再次变换对象。

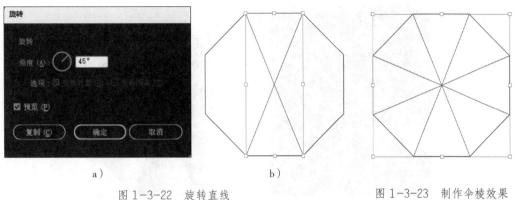

图 1-3-22 旋转直线 　　　　　　　　　　　　图 1-3-23 制作伞棱效果

a）"旋转"对话框　b）旋转直线效果

（4）打开"路径查找器"面板，如图 1-3-24a 所示，单击"分割"按钮，以伞心为中心将伞分割为八个部分，效果如图 1-3-24b 所示。

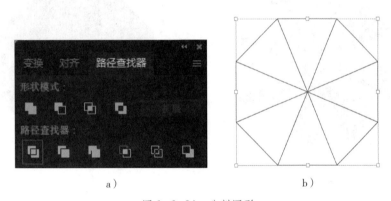

图 1-3-24 分割图形

a）"路径查找器"面板　b）分割图形效果

（5）打开"渐变"面板，选择"线性"渐变类型，在 30% 的位置设置色值为深红色（C50，M100，Y100，K36），不透明度为 0%；在 66% 的位置设置色值为同样的深红色，角度设置为 98°，"渐变"面板设置如图 1-3-25a 所示，效果如图 1-3-25b 所示。

（6）选中需要改变渐变角度的图形部分，单击工具箱中的"渐变工具"，图形中会显示渐变批注者，通过渐变批注者调节每一部分的渐变角度，无描边色，效果如图 1-3-26 所示。

（7）将绘制的伞棱与多边形伞面中心对齐，并将伞棱置于顶层，效果如图 1-3-27 所示。

a）

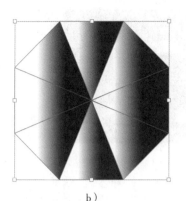

b）

图 1-3-25　填充伞面渐变颜色

a）"渐变"面板设置　b）完成效果

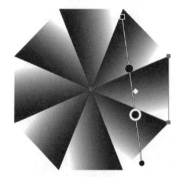

图 1-3-26　调整渐变颜色效果

图 1-3-27　放置伞棱效果

5. 绘制伞面高光

（1）使用多边形工具绘制与伞面相同大小的八边形。打开"渐变"面板，选择"径向渐变"类型，在 0% 的位置设置色值为橙红色（C0，M88，Y93，K0），不透明度为 100%；在 100% 的位置设置色值为深红色（C50，M100，Y100，K35），不透明度为 0%，绘制伞面高光效果如图 1-3-28 所示。

（2）将绘制的伞面高光、伞棱与多边形伞面中心对齐，并将伞面高光置于顶层，效果如图 1-3-29 所示。

6. 添加文字装饰

（1）执行"文件"→"打开"命令，打开素材"中国 .eps"文件，将其复制粘贴到当前文档中，如图 1-3-30 所示。

（2）使用多边形工具在页面中绘制和伞面一样大小的八边形，与伞面中心对齐。按住"Shift"键同时选中刚绘制的八边形和素材文件，单击鼠标右键，执行"建立剪切蒙版"命令，效果如图 1-3-31 所示。

图 1-3-28 绘制伞面高光效果

图 1-3-29 放置高光效果

图 1-3-30 添加文字

图 1-3-31 建立剪切蒙版效果

7. 绘制固定球

（1）使用椭圆工具，在伞面中心位置绘制一个尺寸为 25 mm × 25 mm 的圆形，作为固定球。使用渐变工具，选择"径向渐变"类型，在渐变控制条上单击鼠标添加一个渐变滑块，三个渐变滑块的位置从左到右依次为 0%、55%、86%，色值分别为朱红色（C0，M85，Y89，K0）、深红色（C50，M100，Y100，K36）、红色（C18，M100，Y100，K0），"渐变"面板设置如图 1-3-32a 所示。单击工具栏中的"渐变工具"，拖动渐变批注者调整渐变角度，如图 1-3-32b 所示。

a）

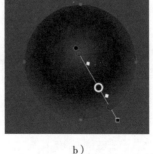

b）

图 1-3-32 绘制固定球

a）"渐变"面板设置 b）调整渐变角度

（2）使用椭圆工具，在固定球右下方绘制一个尺寸为 26 mm × 26 mm 的圆形，填充为深红色（C60，M100，Y100，K55）。将绘制的深红色圆形向后移动一层，为伞面添加投影，效果如图 1-3-33 所示。

8. 保存与导出文件

（1）执行"文件"→"存储为"命令，保存文件。

（2）执行"文件"→"导出"→"导出为"命令，导出文件，导出的效果图如图 1-3-1 所示。

图 1-3-33　添加投影效果

项目二
版式设计

所谓版式设计，主要指运用造型要素及形式原理，对版面内的文字、图形、线条、色块等元素按照一定的要求进行编排，是视觉传达的重要手段，使观看者直观地感受到制作者要传递的信息。

本项目通过制作吊旗、宣传单、优惠券等，介绍钢笔工具、直接选择工具、画笔工具、"画笔"面板的用法及添加文字效果的方法和技巧。通过训练，用户应学会独立完成版式设计，能制作出精美的促销广告，以达到吸引消费者、促销商品的目的。

任务 1　制作吊旗

任务目标

1. 掌握钢笔工具的使用方法。
2. 掌握倾斜工具的使用方法。
3. 能通过创建轮廓、偏移路径制作文字效果。
4. 能通过"风格化"效果为对象添加外投影。
5. 能熟练地渐变填充对象，并使用渐变工具调整渐变填充效果。
6. 能利用钢笔工具、倾斜工具、渐变工具等制作类似吊旗的版式设计。

本任务是一个吊旗制作实例，主要利用钢笔工具、倾斜工具、渐变工具等制作国人电器吊旗，效果如图 2-1-1 所示。要完成本任务，除了要能熟练地使用"渐变"面板来渐变填充对象、制作文字投影外，还要注意掌握色彩搭配技巧，使画面和文字具有和谐美。

图 2-1-1　国人电器吊旗效果图

一、钢笔工具

钢笔工具 是 Illustrator 中最常用的绘制工具之一，使用它可以绘制直线和曲线路径，从而制作出各种类型的图形。

使用钢笔工具绘制直线，应先在页面中单击创建锚点，然后在其他地方再次单击创建新的锚点，此时可创建一条直线路径，多次单击即可创建一条折线路径，如图 2-1-2 所示。如果要结束一段开放式路径的绘制，按住"Ctrl"键并在页面的空白处单击或者按"Enter"键即可。

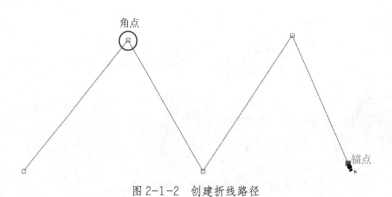

图 2-1-2　创建折线路径

小贴士

按住"Shift"键的同时单击创建新的锚点，可绘制出水平、垂直或以 45° 角为增量的直线。

要绘制曲线路径，可在创建锚点后，在其他地方按住鼠标左键并拖动，即可绘制曲线路径，松开鼠标左键以应用当前曲线状态的路径，如图2-1-3所示。要绘制闭合路径，则在绘制路径后，将鼠标指针移动到路径起始锚点处并单击封闭路径，如图2-1-4所示。

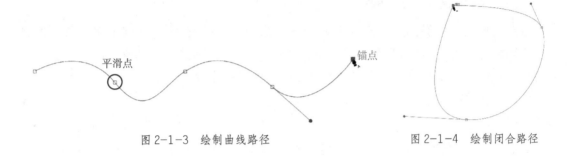

图 2-1-3　绘制曲线路径　　　　　　　　　图 2-1-4　绘制闭合路径

二、添加锚点工具

如果对路径进行进一步编辑，可以使用添加锚点工具在路径上添加锚点，然后继续调整锚点的位置或弧度来丰富路径的形态。

按住工具箱中的"钢笔工具"按钮，可从弹出的工具组中选择添加锚点工具，如图2-1-5所示。使用该工具在路径上单击，即可添加新的锚点。

图 2-1-5　添加锚点工具

三、删除锚点工具

要删除多余的锚点，可以使用删除锚点工具来完成。按住工具箱中的"钢笔工具"按钮，可从弹出的工具组中选择删除锚点工具，使用该工具在路径上的锚点处单击，即可删除指定的锚点。

 小贴士

在使用钢笔工具的状态下，将鼠标指针放在路径上没有锚点的位置，当鼠标指针变成形状时，单击可以添加一个锚点。将鼠标指针移动到锚点上，待其变成形状时，单击可以删除锚点。

四、锚点工具

锚点工具用于将平滑点和角点进行相互转换。按住工具箱中的"钢笔工具"按钮，可从弹出的工具组中选择锚点工具。

在尖角锚点上按住鼠标左键拖动，可以将其转变成平滑锚点；单击平滑曲线锚点，可以将其转变成尖角锚点。

平滑点有左右两段方向线，使用锚点工具可以单独调整一侧的方向线，可使路径更加平滑、自然。

五、直接选择工具

直接选择工具 主要用于选择路径或图形中的某一部分，包括路径的锚点、曲线或线段。例如，使用选择工具在路径上单击，可选择所有路径和路径上的所有锚点。而使用直接选择工具单击一个路径段时，可选择该路径段；单击路径中的一个锚点，则可选择该锚点。

使用直接选择工具单击选中锚点，在页面中按住鼠标左键拖动，即可移动锚点位置。如果要微调锚点的位置，也可以选中需要移动的锚点，按上、下、左、右方向键，即可调整对象的位置。

使用直接选择工具拖动平滑点左右两段方向线上的控制点，同样可以调整图形的形状。按住 "Alt" 键调整平滑点的单侧方向线，另一侧不会发生变化。

使用直接选择工具在页面中选择锚点后，控制栏即变为图 2-1-6 所示的样式，利用控制栏中的按钮，即可对路径进行调整。

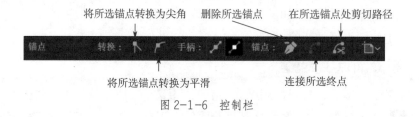

图 2-1-6　控制栏

小贴士

使用直接选择工具单击矩形或多边形内部某一控制点，按住鼠标左键并拖动，可以只改变这个控制点对应角的圆度，其他角不会发生变化。

六、倾斜工具

倾斜工具 用于倾斜对象，具体使用方法如下。

选中对象后，按住工具箱中的"比例缩放工具"按钮，从弹出的工具组中选择倾斜工具，在选定的对象上拖动鼠标，可自由倾斜变形对象。

选中对象后，双击工具箱中的"倾斜工具"，或者执行"对象"→"变换"→"倾斜"命令，打开图 2-1-7 所示的"倾斜"对话框，可进行倾斜效果的精确设置。

"倾斜"对话框中各选项的功能如下。

倾斜角度：用于设置对象的倾斜角度。

轴：包括"水平"和"垂直"两个选项，选择其中一个选项，再设置"角度"，单击"确定"按钮，可倾斜对象，单击"复制"按钮，可复制并倾斜对象。

图 2-1-7 "倾斜"对话框

小贴士

执行"窗口"→"变换"命令，打开"变换"面板，在"倾斜"下拉列表中选择倾斜角度或在文本框中输入数值，也可以倾斜对象。

七、创建轮廓文字

选中文字，执行"文字"→"创建轮廓"命令，可将文字转换为轮廓文字。轮廓文字即文字图形，此时文字不再具有字体、字号等文字属性，但可以对其进行锚点、路径的编辑和处理。创建轮廓文字功能常用于制作艺术字。

轮廓文字仍保留原有的填充和描边属性，可以渐变填充或变形文字，三种文字的比较效果如图 2-1-8 所示。

中国精神 中国精神 中国精神

文字　　　　　　　轮廓文字　　　　　　渐变填充文字

图 2-1-8 三种文字的比较效果

八、偏移路径

偏移路径是围绕现有路径的外部或内部绘制一条新路径。选择路径后，执行"对象"→"路径"→"偏移路径"命令，在打开的"偏移路径"对话框中设置相关参数，可调整所偏移路径的状态。"偏移路径"对话框如图 2-1-9 所示。

图 2-1-9 "偏移路径"对话框

对话框中的"位移"选项用于设置新路径的偏移距离，当该值为正数时，新生成的路径向外扩展；当该值为负数时，新生成的路径向内收缩。"连接"选项用于设置路径拐角处的连接方式，在该下拉列表框中有三个选项，分别为"斜接""圆角""斜角"。"斜接限制"选项用于设置斜角角度的变化范围，数值越大，角度变化越大。

使用"偏移路径"命令缩放的路径能使两条路径始终保持平行状态，弥补了使用比例缩放工具以及执行"对象"→"变换"→"缩放"命令缩放对象时的缺陷。

图 2-1-10a 和图 2-1-10b 所示分别为使用"缩放"命令和"偏移路径"命令在缩放图形时的效果。从图中可以看出，对于任意的椭圆形，在进行缩放时采用"偏移路径"命令的方式得到的图形无变形情形，是缩放对象的最佳选择。

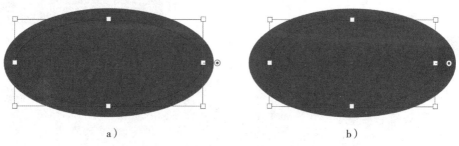

a）　　　　　　　　　　　　　　　b）

图 2-1-10　不同方式缩放椭圆形

a）"缩放"命令方式　b）"偏移路径"命令方式

九、"风格化"效果

"风格化"效果是较为常用的特效，它可为对象添加发光、圆角、投影、涂抹及羽化效果，这些效果可以重复应用，以增强对象的外观效果。

执行"效果"→"风格化"命令，在弹出的子菜单中选择相关命令即可为对象添加特效，"风格化"效果子菜单如图 2-1-11 所示。

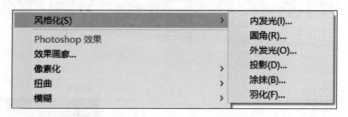

图 2-1-11　"风格化"效果子菜单

1. 内发光

使用内发光效果可以让所选对象内部产生光晕效果。

其操作方法为：执行"效果"→"风格化"→"内发光"命令，在弹出的"内发光"对话框中对内发光的各项参数进行设置。"内发光"对话框如图 2-1-12 所示，内发光效果如图 2-1-13 所示。

图 2-1-12　"内发光"对话框　　　　　　　图 2-1-13　内发光效果

对话框中的"模式"选项用于指定发光的混合模式，如果需要修改发光颜色，可单击右侧的色块，在打开的对话框中进行设置。"不透明度"选项用于设置所需的不透明度百分比。"模糊"选项用于指定要进行模糊处理之处到选区中心或选区边缘的距离。

2. 圆角

使用圆角效果可以将对象的转角控制点转换为平滑控制点，使对象呈现出圆润效果。

其操作方法为：执行"效果"→"风格化"→"圆角"命令，在弹出的"圆角"对话框中对圆角的各项参数进行设置。"圆角"对话框如图 2-1-14 所示，圆角效果如图 2-1-15 所示。

图 2-1-14　"圆角"对话框　　　　　　　图 2-1-15　圆角效果

对话框中的"半径"选项用于确定所选对象进行圆角处理的程度，数值越大，尖角变圆角的程度越大。

3. 外发光

使用外发光效果可以让所选对象外部产生光晕效果。

其操作方法为：执行"效果"→"风格化"→"外发光"命令，在弹出的"外发光"对话框中对外发光的各项参数进行设置。"外发光"对话框如图 2-1-16 所示。对话框中的各选项作用与"内发光"对话框中的类似。外发光效果如图 2-1-17 所示。

图 2-1-16 "外发光"对话框

图 2-1-17 外发光效果

4. 投影

使用投影效果可以为所选对象添加投影。

其操作方法为：执行"效果"→"风格化"→"投影"命令，在弹出的"投影"对话框中对投影的各项参数进行设置。"投影"对话框如图 2-1-18 所示，投影效果如图 2-1-19 所示。

图 2-1-18 "投影"对话框

梦想梦想

图 2-1-19 投影效果

对话框中的"模式"选项用于设置投影的混合模式。"不透明度"选项用于设置所需投影的不透明度百分比。"X 位移""Y 位移"选项用于设置投影偏离对象的距离。"模糊"选项用于设置投影的模糊程度，数值越大，投影越模糊。

5. 涂抹

使用涂抹效果可以为所选对象添加画笔涂抹的效果。

其操作方法为：执行"效果"→"风格化"→"涂抹"命令，在弹出的"涂抹"对话框中对涂抹各项参数进行设置。"涂抹"对话框如图 2-1-20 所示，涂抹效果如图 2-1-21 所示。

在对话框中的"设置"选项下拉列表框中，可以选择一种预设的涂抹效果，对所选图形进行快速涂抹。"角度"选项用于控制涂抹线条的方向。"路径重叠"选项用于控制涂抹线条与对象边界的距离，负值时涂抹线条在路径边界内部，正值时涂抹线条会出现在路径边界外部。"变化"选项用于控制涂抹线条之间的长度差异，数值越大，线条的长短差异越大。"描边宽度"选项用于设置涂抹线条的宽度。"曲度"和"变化"

图 2-1-20　"涂抹"对话框

图 2-1-21　涂抹效果

选项用于控制涂抹线条在改变方向之前的弯曲程度，以及控制涂抹线条彼此之间的相对曲度差异大小。"间距"和"变化"选项用于控制涂抹线条之间的折叠间距，以及控制涂抹线条之间的折叠间距差异量。

6. 羽化

使用羽化效果可以柔化所选对象的边缘，使其产生从内部到边缘逐渐透明的效果。

其操作方法为：执行"效果"→"风格化"→"羽化"命令，在弹出的"羽化"对话框中对羽化各项参数进行设置。"羽化"对话框如图 2-1-22 所示，羽化效果如图 2-1-23 所示。

图 2-1-22　"羽化"对话框

图 2-1-23　羽化效果

对话框中的"半径"选项用于设置羽化的强度，数值越高，羽化的强度越高。

任务实施

1. 新建 Illustrator 文档

执行"文件"→"新建"命令，在"新建文档"对话框的"预设详细信息"选项中输入"国人电器吊旗"，设置文档大小为"A3"，方向为"纵向"，颜色模式为"CMYK 颜色"模式，光栅效果为"高（300 ppi）"，单击"创建"按钮，创建吊旗文档。

2. 绘制图形

（1）使用矩形工具在页面中绘制宽度为 165 mm、高度为 245 mm 的矩形，使用直接选择工具分别单击矩形下方内部的两个控制点，然后按住并向上拖动控制点，将矩形下部调整为椭圆形，如图 2-1-24 所示。

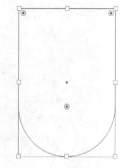

（2）单击工具箱中的"渐变工具"，选择"线性渐变"类型，设置角度为 –110°。在渐变控制条上单击鼠标添加一个渐变滑块，三个渐变滑块的位置从左到右依次为 0%、56%、100%，色值分别为紫色（C62，M62，Y0，K0）、粉色（C6，M92，Y0，K0）、浅紫色（C21，M36，Y0，K0），"渐变"面板设置如图 2-1-25a 所示，效果如图 2-1-25b 所示。

图 2-1-24　绘制吊旗轮廓

a）　　　　　　　　　　b）

图 2-1-25　填充渐变颜色
a）"渐变"面板设置　b）完成效果

3. 绘制背景

操作演示

（1）使用椭圆工具在页面中绘制一个尺寸为 150 mm × 150 mm 的白色圆形，不透明度调整为 7%；再绘制一个尺寸为 130 mm × 130 mm 的白色圆形，不透明度调整为 17%；继续绘制一个尺寸为 115 mm × 115 mm 的圆形，填充为粉色（C6，M67，Y0，K0）到白色的线性渐变，设置角度为 –180°，"渐变"面板设置如图 2-1-26a 所示。选中所有圆形，执行"对齐"→"水平居中对齐"→"垂直居中对齐"命令，放置在图 2-1-26b 所示的位置。

（2）打开素材中的"国人电器标识 .ai"文件，如图 2-1-27a 所示，将国人电器标识复制粘贴到当前文档中，调整位置和大小，并将颜色修改为白色，放置在图 2-1-27b 所示的位置。

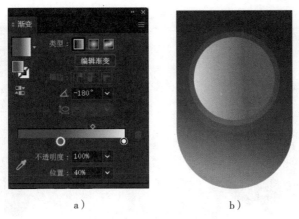

a)　　　　　　　　　　　b)

图 2-1-26　绘制圆形背景

a)"渐变"面板设置　b)完成效果

a)　　　　　　　　　　　b)

图 2-1-27　复制标识

a)打开"国人电器标识 .ai"文件　b)完成效果

（3）使用椭圆工具在吊旗上方边缘绘制两个尺寸为 37 mm×37 mm 的圆形，分别填充为紫色（C71，M68，Y0，K0）和深紫色（C56，M70，Y0，K0）。在吊旗下方边缘绘制尺寸为 60 mm×60 mm 和 42 mm×42 mm 的圆形，填充为粉色（C11，M93，Y0，K0）到紫色（C61，M69，Y0，K0）的线性渐变，设置角度为 40°，放置在图 2-1-28 所示的位置。

（4）使用椭圆工具在吊旗内部绘制尺寸为 12 mm×12 mm 和 5 mm×5 mm 的圆形，填充为粉色（C15，M94，Y0，K0）到浅粉色（C22，M60，Y0，K0）的线性渐变，设置角度为 60°。再绘制一个尺寸为 8 mm×8 mm 的圆形，填充为深蓝色（C93，M93，Y0，K0）到浅蓝色（C56，M31，Y0，K0）的线性渐变，设置角度为 45°，放置在图 2-1-29 所示的位置。

图 2-1-28　绘制边缘圆形

图 2-1-29　绘制内部圆形

（5）使用椭圆工具绘制两个椭圆形，单击"路径查找器"中的"联集"按钮，将其合并成一个图形。将图形颜色填充为蓝色（C91，M33，Y0，K0）到浅蓝色（C40，M4，Y0，K0）的线性渐变，无描边色，如图 2-1-30a 所示。调整蓝色渐变图形的角度为 45°，放置在图 2-1-30b 所示的位置。

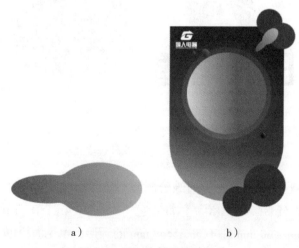

a）

b）

图 2-1-30　绘制不规则图形

a）绘制不规则图形　b）完成效果

（6）复制渐变图形，将图形颜色填充为橙色（C2，M84，Y44，K0）到黄色（C56，M70，Y0，K0）的线性渐变。调整黄色渐变图形的角度为 315°，放置在图 2-1-31 所示的位置。

（7）使用椭圆工具绘制一个尺寸为 13 mm×5 mm 椭圆形，填充为浅蓝色（C40，M4，Y0，K0）到蓝色（C91，M33，Y0，K0）的线性渐变，调整旋转角度为 205°；再绘制一个尺寸为 9 mm×3 mm 的椭圆形，填充为黄色（C7，M4，Y91，K0）到浅绿色

（C51，M0，Y26，K0）的线性渐变，调整旋转角度为205°。复制黄色椭圆形，调整旋转角度为240°，放置在图 2-1-32 所示的位置。

图 2-1-31　复制不规则图形

图 2-1-32　绘制椭圆形

（8）单击工具箱中的"圆角矩形工具"，绘制宽度为 115 mm、高度为 15 mm、圆角半径为 7.5 mm 的圆角矩形，填充为黄色（C7，M4，Y91，K0）到不透明度为 0% 的浅绿色（C51，M0，Y26，K0）的线性渐变，设置角度为 30°，效果如图 2-1-33a 所示。调整圆角矩形的旋转角度为 30°，放置在图 2-1-33b 所示的位置。调整角度为210°，再复制一个，放置在图 2-1-33c 所示的位置。

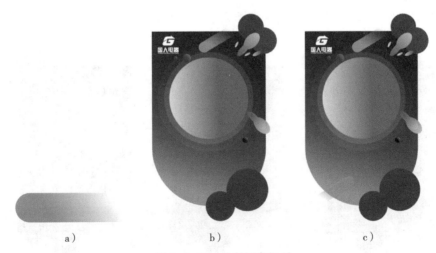
a)　　　　　　　　　　　b)　　　　　　　　　　　c)
图 2-1-33　绘制圆角矩形
a）圆角矩形填充效果　b）圆角矩形放置位置　c）复制圆角矩形

（9）使用钢笔工具绘制白色直线段，设置描边粗细为 2 pt。选中直线段，按住"Alt+Shift"组合键向下方复制，按"Ctrl+D"组合键复制多个直线段。双击"倾斜工具"按钮，打开"倾斜"对话框，在对话框中设置倾斜角度为 –15°，"轴"选项中选择"垂直"，角度为 90°，勾选"预览"复选框，"倾斜"面板如图 2-1-34a 所示，单击"确定"按钮，效果如图 2-1-34b 所示。

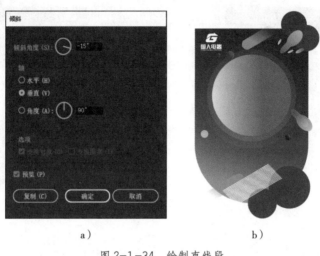

a）　　　　　　　　　　b）

图 2-1-34　绘制直线段
a）"倾斜"面板　b）完成效果

（10）使用椭圆工具在页面中绘制一个尺寸为 21 mm×21 mm 的圆形，无填充色和描边色，将其放置在倾斜直线段的上方，如图 2-1-35a 所示。同时选中圆形和全部直线段，执行"对象"→"剪切蒙版"→"建立"命令，如图 2-1-35b 所示。复制刚刚绘制的圆形，调整大小和位置，效果如图 2-1-35c 所示。

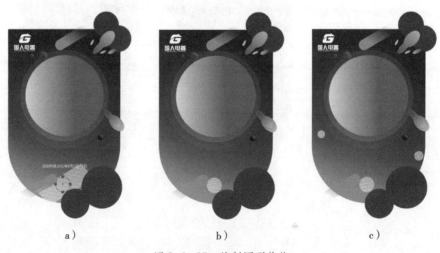

a）　　　　　　　　　b）　　　　　　　　　c）

图 2-1-35　绘制圆形装饰
a）绘制圆形　b）创建圆形剪切蒙版　c）完成效果

（11）使用钢笔工具绘制白色路径，设置描边粗细为 1.5 pt，如图 2-1-36a 所示。选中曲线段，按住"Alt+Shift"组合键向下方复制，按"Ctrl+D"键再进行复制，如图 2-1-36b 所示。选中全部曲线段放置在图 2-1-36c 所示的位置。

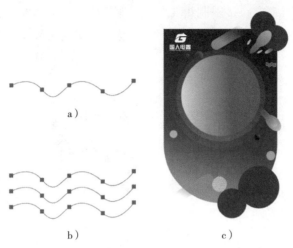

图 2-1-36　绘制曲线段

a）绘制曲线段　b）复制曲线段　c）完成效果

（12）选中所有图形，按"Ctrl+G"组合键进行编组。绘制与吊旗背景相同大小的图形，如图 2-1-37a 所示。将绘制的图形置于所有图层上方，选中所有图形，执行"对象"→"剪切蒙版"→"建立"命令，效果如图 2-1-37b 所示。

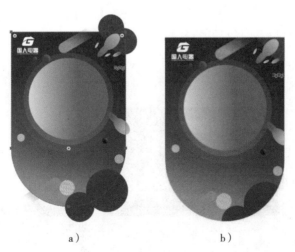

图 2-1-37　创建剪切蒙版

a）绘制与吊旗背景相同大小的图形　b）完成效果

4. 制作标题文字

（1）选择文字工具，在页面中输入文字"周年大促"，设置字体为"造字工房力黑"，字体大小为 100 pt，字体颜色为白色。

（2）在文字上方单击鼠标右键，在弹出的快捷菜单中选择"创建轮廓"命令，为文字创建轮廓。执行"对象"→"路径"→"偏移路径"命令，在对话框中设置位移为 5，连接选择"斜接"，斜接限制为 4，填充为紫色（C55，M94，Y0，K0），为文字创建轮廓，置于文字下方，按"Ctrl+G"组合键进行编组，如图 2-1-38a 所示。选择文字，执行"对象"→"变换"→"倾斜"命令，设置倾斜角度为 10°，方向选择"水平"，勾选"预览"复选框，效果如图 2-1-38b 所示。

a）   b）

图 2-1-38　制作标题文字

a）为文字创建轮廓　b）设置倾斜效果

（3）选择文字工具，在页面中输入数字"9"，设置字体为"Gill Sans Display MT Pro"，字体大小为 288 pt，填充为黄色（C2，M4，Y91，K0）。

（4）在文字上方单击鼠标右键，在弹出的快捷菜单中选择"创建轮廓"命令，为数字创建轮廓。执行"对象"→"路径"→"偏移路径"命令，在对话框中设置位移为 5，连接选择"斜接"，斜接限制为 4。"偏移路径"对话框如图 2-1-39a 所示。使用直接选择工具，选中偏移路径后的对象，填充为紫色（C55，M94，Y0，K0），效果如图 2-1-39b 所示。

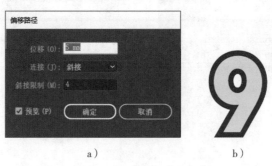

a）   b）

图 2-1-39　制作标题数字

a）"偏移路径"对话框　b）完成效果

（5）选中所有文字，按"Ctrl+G"组合键进行编组。执行"效果"→"风格化"→"投影"命令，打开"投影"对话框。在对话框中设置模式为"正片叠底"，不透明度为 75%，X 位移为 1 mm，Y 位移为 1 mm，模糊为 1.5 mm，颜色为黑色，勾选"预览"复选框，"投影"对话框设置如图 2-1-40a 所示，单击"确定"按钮，效果如图 2-1-40b 所示。

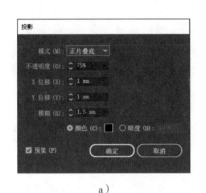

a）   b）

图 2-1-40　添加投影效果

a）"投影"对话框设置　b）完成效果

（6）使用圆角矩形工具在页面中绘制一个宽度为 125 mm、高度为 20 mm、圆角半径为 5 mm 的圆角矩形，填充为粉色（C7，M93，Y0，K0）到紫色（C6，M81，Y0，K0）的线性渐变，角度设置为 90°，设置描边颜色为黄色（C2，M4，Y89，K0），描边粗细为 2 pt。

（7）选择圆角矩形，执行"对象"→"变换"→"倾斜"命令，设置倾斜角度为 25°，方向选择"水平"，勾选"预览"复选框，绘制边框效果如图 2-1-41 所示。

图 2-1-41　绘制边框效果

（8）使用文字工具，在页面中输入文字"相伴已 9，国人加油"，设置字体为"造字工房力黑"，字体大小为 37 pt，字体颜色为白色，执行"对齐"→"水平居中对齐"命令，将添加的副标题放置在图 2-1-42 所示的位置。

5. 添加辅助文案

（1）使用矩形工具在页面中绘制一个宽度为 105 mm、高度为 15 mm 的矩形，填充为黄色（C2，M4，Y91，K0），使用直接选择工具调整为圆角矩形，如图 2-1-43a 所示。

（2）使用文字工具，在页面中输入文字"荣耀开启　一触即发"，设置字体为"思源黑体"，字体大小为 28 pt，字体颜色为紫色（C6，M81，Y0，K0），效果如图 2-1-43b所示。

图 2-1-42　添加副标题

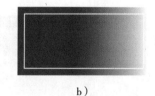

a）

b）

图 2-1-43　添加圆角矩形辅助文案

a）绘制圆角矩形　b）完成效果

（3）使用矩形工具在页面中绘制一个宽度为 30 mm、高度为 15 mm 的矩形，填充为紫色（C6，M81，Y0，K0）到不透明度为 0% 的紫色的线性渐变，"渐变"面板如图 2-1-44a 所示。再绘制一个宽度为 27 mm、高度为 12 mm 的矩形，设置描边颜色为白色，描边粗细为 0.5 pt。选中两个矩形，执行"对齐"→"水平居中对齐"→"垂直居中对齐"命令，如图 2-1-44b 所示。使用文字工具，在页面中输入文字"超划算"，设置字体为"思源黑体"，字体大小为 20 pt，字体颜色为白色，如图 2-1-44c 所示。

a）

b）

c）

图 2-1-44　添加矩形辅助文案

a）"渐变"面板　b）绘制矩形　c）添加文字

（4）使用同样方法绘制其余矩形，分别填充为红色（C1，M79，Y62，K0）到不透明度为 0% 的红色的线性渐变和蓝色（C91，M27，Y0，K0）到不透明度为 0% 的蓝色的线性渐变。分别输入"折扣大""优惠多"等辅助文案，放置在图 2-1-45a 所示的位置。

（5）使用文字工具，在页面中输入文字"活动时间：2023 年 8 月 2 日—7 日"，设置字体为"思源黑体"，字体大小为 15 pt，字体颜色为白色，效果如图 2-1-45b 所示。

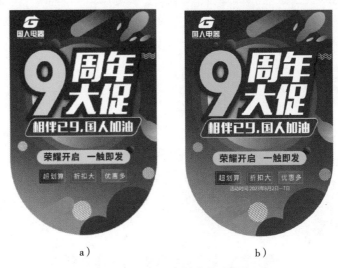

a）　　　　　　　　　　　　b）

图 2-1-45　添加其余辅助文案
a）添加辅助文案　b）完成效果

6. 保存与导出文件

（1）执行"文件"→"存储为"命令，保存文件。

（2）执行"文件"→"导出"→"导出为"命令，导出文件，导出的效果图如图 2-1-1 所示。

任务 2　制作宣传单

任务目标

1. 掌握星形工具的使用方法。
2. 掌握吸管工具的使用方法。
3. 掌握通过模糊效果为对象添加柔化的方法。
4. 能利用椭圆工具、钢笔工具、星形工具和吸管工具等制作宣传单。

任务描述

　　本任务是一个宣传单制作实例，主要利用椭圆工具、钢笔工具、星形工具和吸管工具等制作图 2-2-1 所示的国人电器宣传单效果图，通过设置描边路径属性的方法，使绘制出的路径顺滑、流畅，具有自然美。要完成本任务，除了要掌握路径的绘制与调整方法外，还要掌握通过模糊效果为对象添加柔化的方法，使制作出的宣传单赏心悦目、美观大方。

图 2-2-1　国人电器宣传单效果图

一、曲率工具

与钢笔工具相比，曲率工具更加人性化，操作也更方便。使用曲率工具能够轻松绘制出平滑、精准的曲线。

选择工具箱中的曲率工具 ，在页面中单击，然后移动到下一个位置单击，移动鼠标指针位置（无须按住鼠标左键），此时页面中出现的并不是直线路径，而是会显示一段曲线路径，如图 2-2-2a 所示。在曲线路径状态调整完成后，单击可完成这段曲线路径的绘制，如图 2-2-2b 所示。如果要绘制一段开放的路径，可以按"Esc"键终止路径的绘制。

a）   b）

图 2-2-2　曲率工具绘制曲线
a）曲率工具绘制曲线　b）完成效果

使用曲率工具绘制曲线路径的过程中，在要添加锚点的位置按住"Alt"键单击，即可添加锚点，如图 2-2-3 所示。将鼠标指针移至锚点处，按住鼠标左键拖动，可以移动锚点的位置，如图 2-2-4 所示。单击一个锚点，按"Delete"键可将其删除。

图 2-2-3　添加锚点　　　　　　　　图 2-2-4　移动锚点位置

二、星形工具

星形工具用于绘制各种星形，按住工具箱中的"矩形工具"按钮 ，从弹出的工具组中选择星形工具，如图 2-2-5a 所示。

选择星形工具后，在页面中拖动鼠标指针可绘制出星形。如果要绘制具有精确半径和角点数的星形，选择星形工具后，在页面中单击鼠标左键，在弹出的"星形"对话框中设置半径和角点数，单击"确定"按钮即可绘制出需要的星形，如图 2-2-5b 所示。

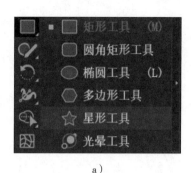

a）　　　　　　　　　　　　b）

图 2-2-5　星形工具

a）选择星形工具　b）"星形"对话框

"星形"对话框中的"半径 1"选项用于设定所绘制星形图形内侧点到星形中心的距离；"半径 2"选项用于设定所绘制星形图形外侧点到星形中心的距离。"半径 1"与"半径 2"之间数值差距越大，星形的角越尖，如图 2-2-6 所示。

图 2-2-6　调整星形半径

三、吸管工具

吸管工具用于吸取对象的颜色和属性，并快速应用于其他对象上。其使用方法为：选中要改变颜色和属性的对象，在工具箱中选择吸管工具，使用该工具单击需要的颜色和属性，即可吸取颜色和属性并传递给另一个对象。

双击工具箱中的"吸管工具"，在弹出的"吸管选项"对话框中可以对吸管工具采集的属性进行设置，勾选某一项即可在使用吸管工具时吸取这一项，如图 2-2-7 所示。

 小贴士

在使用吸管工具吸取矢量图形的颜色时，默认会吸取填充色及描边色，如果只需吸取填充色，可以按住"Shift"键并单击。

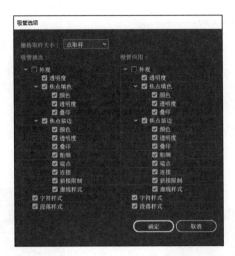

图 2-2-7　"吸管选项"对话框

四、"模糊"效果

"模糊"效果可以削弱相邻像素之间的对比度，使图像达到柔化的效果。执行"效果"→"模糊"命令，在弹出的子菜单中可以选择"径向模糊""特殊模糊""高斯模糊"三种效果，"模糊"子菜单如图 2-2-8 所示。"模糊"效果如图 2-2-9 所示。

图 2-2-8　"模糊"子菜单

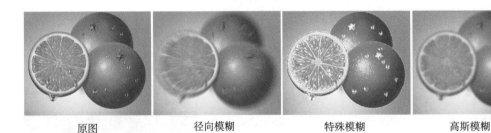

原图　　　　　径向模糊　　　　　特殊模糊　　　　　高斯模糊

图 2-2-9　"模糊"效果

1. 径向模糊

使用径向模糊效果可以使图像产生旋转或放射状模糊效果。

其操作方法为：执行"效果"→"模糊"→"径向模糊"命令，打开"径向模糊"对话框，如图 2-2-10 所示。

对话框中的"数量"滑块用于调节模糊效果的强度，数值越大，模糊效果越强。"中心模糊"用于设置模糊从哪一点开始向外扩散。"旋转""缩放"单选项能使对象产生旋转模糊或放射模糊的效果。

2. 特殊模糊

使用特殊模糊效果可以找出图像的边缘以及模糊边缘以内的区域，从而产生一种边界清晰、中心模糊的效果。

其操作方法为：执行"效果"→"模糊"→"特殊模糊"命令，打开"特殊模糊"对话框，如图 2-2-11 所示。

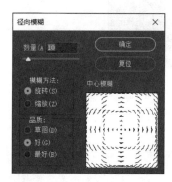

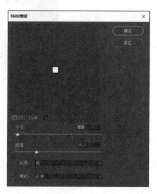

图 2-2-10 "径向模糊"对话框　　　　图 2-2-11 "特殊模糊"对话框

对话框中的"半径"滑块用于调节模糊效果的范围，数值越大，模糊的范围就越大。"阈值"用于调整模糊产生的效果对图像的影响程度，数值越大，对图像的影响程度就越小。"模式"下拉列表框中有三种模式，分别是"正常""仅限边缘""叠加边缘"，选择不同模式得到的效果也不相同。

3. 高斯模糊

使用高斯模糊效果可以得到均匀、柔和的模糊效果，使画面看起来具有朦胧感，它是比较常用的模糊效果。

其操作方法为：执行"效果"→"模糊"→"高斯模糊"命令，打开"高斯模糊"对话框，如图 2-2-12所示。对话框中的"半径"滑块用于调节模糊效果的范围，数值越大，模糊的范围就越大。

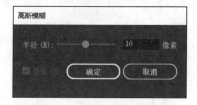

图 2-2-12 "高斯模糊"对话框

任务实施

1. 新建 Illustrator 文档

执行"文件"→"新建"命令，打开"新建文档"对话框，在对话框的"预设详细信息"选项中输入"国人电器宣传单",设置文档大小为"A4",方向为"纵向",颜色模式为"CMYK颜色"模式,光栅效果为"高(300 ppi)",然后单击"创建"按钮。

2. 绘制背景

(1)使用椭圆工具在页面中绘制一个尺寸为 420 mm × 420 mm 的圆形。使用渐变工具,选择"径向渐变"类型,两个渐变滑块的位置从左到右依次为 36% 和 100%,色值分别为浅蓝色(C87,M0,Y13,K0)、深蓝色(C91,M88,Y0,K0),"渐变"面板如图 2-2-13a 所示,效果如图 2-2-13b 所示。

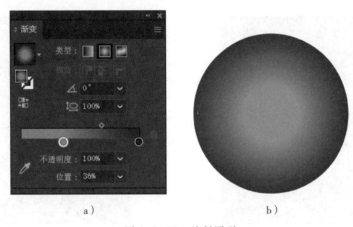

a)   b)

图 2-2-13 绘制圆形
a)"渐变"面板 b)完成效果

(2)使用椭圆工具分别绘制尺寸为 360 mm × 360 mm、330 mm × 330 mm、270 mm × 270 mm、215 mm × 215 mm、175 mm × 175 mm 和 125 mm × 125 mm 的圆形,使用吸管工具吸取浅蓝色到深蓝色渐变圆形的颜色,填充每个圆形。选中所有图形,执行"对齐"→"水平居中对齐"命令,再执行"效果"→"高斯模糊"命令,设置半径为 55,"高斯模糊"对话框如图 2-2-14a 所示,效果如图 2-2-14b 所示。

(3)使用矩形工具绘制与画板相同大小的矩形,无填充色和描边色。选中矩形和所有圆形,执行"建立剪切蒙版"命令,效果如图 2-2-15 所示。

(4)打开素材"国人电器标识 .ai"文件,将国人电器标识复制粘贴到当前文档中,修改颜色为白色,调整位置和大小,效果如图 2-2-16 所示。选中所有图形,执行"对象"→"锁定"命令,锁定背景。

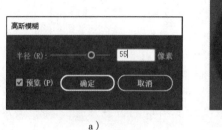

a)   b)

图 2-2-14　绘制内部圆形

a)"高斯模糊"对话框　b)完成效果

图 2-2-15　建立剪切蒙版效果   图 2-2-16　添加标识效果

3. 绘制装饰图形

（1）使用椭圆工具在页面中绘制一个尺寸为 35 mm × 35 mm 的圆形，填充为浅蓝色（C87，M0，Y13，K0）到深蓝色（C91，M88，Y0，K0）的径向渐变，如图 2-2-17a 所示。复制多个圆形，调整大小和位置，效果如图 2-2-17b 所示。

（2）使用星形工具在页面中绘制半径 1 为 5 mm，半径 2 为 2 mm，角点数为 3 的星形，填充为黄色（C15，M4，Y81，K0），"星形"对话框如图 2-2-18a 所示，绘制星形效果如图 2-2-18b 所示。执行"效果"→"高斯模糊"命令，设置半径为 10，复制多个星形，调整方向和位置，效果如图 2-2-18c 所示。

（3）使用钢笔工具绘制曲线，描边粗细为 4 pt，填充为粉色（C18，M92，Y30，K0），如图 2-2-19a 所示。复制多条曲线，调整大小和位置，效果如图 2-2-19b 所示。

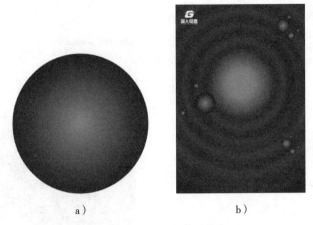

a)　　　　　　　　　　　　　　b)

图 2-2-17　绘制圆形装饰

a）绘制圆形并填充渐变色　b）完成效果

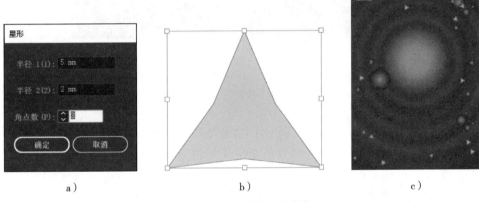

a)　　　　　　　　　　　b)　　　　　　　　　　c)

图 2-2-18　绘制星形装饰

a）"星形"对话框　b）绘制星形效果　c）完成效果

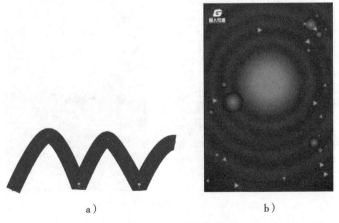

a)　　　　　　　　　　　　　　b)

图 2-2-19　绘制曲线装饰

a）绘制曲线　b）完成效果

4．制作标题文字

（1）使用椭圆工具在页面中绘制 160 mm×160 mm 的黑色圆形，执行"效果"→"高斯模糊"命令，设置半径为 65，"高斯模糊"对话框如图 2-2-20a 所示。不透明度调整为"50%"，效果如图 2-2-20b 所示。

操作演示

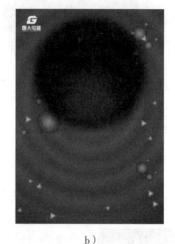

a） b）

图 2-2-20　绘制黑色圆形

a）"高斯模糊"对话框　b）完成效果

（2）使用椭圆工具在页面中绘制一个尺寸为 150 mm×150 mm 的圆形，使用渐变工具，选择"径向渐变"类型，两个渐变滑块的位置从左到右依次为 93% 和 100%，色值分别为浅蓝色（C87，M0，Y13，K0）、深蓝色（C91，M88，Y0，K0），"渐变"面板如图 2-2-21a 所示，效果如图 2-2-21b 所示。

a） b）

图 2-2-21　绘制渐变圆形

a）"渐变"面板　b）完成效果

（3）在页面中绘制一个尺寸为 130 mm×130 mm 的圆形，使用渐变工具，选择"径向渐变"类型，两个渐变滑块的位置从左到右依次为 83% 和 100%，色值分别为浅蓝色（C87，M0，Y13，K0）、深蓝色（C91，M88，Y0，K0），"渐变"面板如图 2-2-22a 所示，填充效果如图 2-2-22b 所示。绘制尺寸为 108 mm×108 mm 和 93 mm×93 mm 的圆形，分别填充为粉色（C18，M92，Y30，K0）和紫色（C59，M95，Y15，K0），选中所有圆形，执行"对齐"→"水平居中对齐"命令，效果如图 2-2-22c 所示。

a）　　　　　　　　　　b）　　　　　　　　　　c）

图 2-2-22　绘制多个圆形

a）"渐变"面板　b）填充效果　c）完成效果

（4）在页面中绘制一个尺寸为 4.5 mm×4.5 mm 的白色圆形。单击工具箱中的"旋转工具"，按住"Alt"键的同时将白色圆形的圆心下移至紫色圆形的圆心上，如图 2-2-23a 所示，在弹出"旋转"对话框中，设置角度为 10°，单击"复制"按钮，效果如图 2-2-23b 所示。按住"Ctrl+D"组合键，复制并旋转白色圆形，效果如图 2-2-23c 所示。

 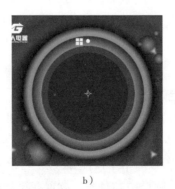 

a）　　　　　　　　　　b）　　　　　　　　　　c）

图 2-2-23　旋转复制圆形

a）绘制白色圆形　b）旋转圆形效果　c）完成效果

（5）使用文字工具在页面中输入数字"9"，设置字体为"Gill Sans Display MT Pro"，字体大小为 263 pt，字体颜色为白色。

（6）使用文字工具在页面中分别输入文字"放肆嗨购节""燃爆　周年"，设置字体为"造字工房力黑"，字体大小分别为 98 pt 和 74 pt，字体颜色为白色。

（7）选择所有文字，在弹出的快捷菜单中选择"创建轮廓"命令，为文字创建轮廓。执行"对象"→"路径"→"偏移路径"命令，在对话框中设置位移为 8，连接选择"圆角"，斜接限制为 4，"偏移路径"对话框如图 2-2-24a 所示。填充为浅蓝色（C80，M22，Y13，K0）到深蓝色（C84，M83，Y3，K0）的径向渐变，两个渐变滑块的位置从左到右依次为 60% 和 90%，"渐变"面板如图 2-2-24b 所示。选中所有文字和图形，按"Ctrl+G"组合键进行编组，效果如图 2-2-24c 所示。

a）　　　　　　　　　　b）　　　　　　　　　　c）

图 2-2-24　制作标题文字

a）"偏移路径"对话框　b）"渐变"面板　c）完成效果

（8）使用矩形工具在页面中绘制一个长度为 120 mm、宽度为 13 mm 的白色矩形，使用直接选择工具将其调整为圆角矩形，如图 2-2-25a 所示。使用文字工具在页面中输入文字"活动时间：2023 年 8 月 2 日 -7 日"，设置字体为"造字工房力黑"，字体大小为 19 pt，字体颜色为紫色（C70，M79，Y1，K0），效果如图 2-2-25b 所示。

5．制作宣传内容

（1）使用矩形工具在页面中绘制一个宽度为 46 mm、高度为 15 mm 的矩形，填充为粉色（C14，M74，Y0，K0）。使用直接选择工具分别单击矩形右侧内部的控制点，然后按住并向左侧拖动控制点，改变矩形右侧的形状。使用椭圆工具绘制一个尺寸为 8 mm×8 mm 的圆形，设置粗细为 1 pt 的白色描边，再绘制一个尺寸为 6 mm×6 mm 的圆形，内部填充为白色。两个圆形中心对齐，放置在矩形内部，如图 2-2-26a 所示。

ａ）　　　　　　　　　　　　ｂ）

图 2-2-25　添加副标题
ａ）绘制圆角矩形　ｂ）完成效果

（2）复制绘制的粉色图形，将颜色分别调整为粉红色（C4，M73，Y29，K1）和蓝色（C76，M27，Y0，K0）。使用文字工具在页面中输入文案，设置字体为"思源黑体"，字体颜色为白色，如图 2-2-26b 所示。

（3）使用直线段工具在页面中绘制长度为 25 mm 的直线段，设置描边粗细为 3 pt，描边颜色为白色。使用文字工具在线段中间位置输入文字"优惠叠加"，设置字体为"造字工房力黑"，字体大小为 30 pt，字体颜色为白色，效果如图 2-2-26c 所示。

ａ）　　　　　　　　　　ｂ）　　　　　　　　　　ｃ）

图 2-2-26　添加文案
ａ）绘制粉色图形　ｂ）复制粉色图形并添加文案　ｃ）完成效果

（4）使用矩形工具在页面中绘制一个宽度为 55 mm、高度为 20 mm 的白色矩形。使用直接选择工具将其调整为圆角矩形。使用钢笔工具绘制折叠图形，正面填充为深海蓝色（C14，M74，Y0，K0），背面填充为深蓝色（C94，M63，Y46，K62），如图 2-2-27a 所示。

（5）选择多边形正面部分，执行"效果"→"投影"命令，设置模式为"正片叠底"，不透明度为 75%，X 位移为 0.6 mm，Y 位移为 0 mm，模糊为 0.57 mm，颜色为黑色，"投影"对话框如图 2-2-27b 所示。

（6）在页面中输入文字"容声冰箱"，设置字体为"造字工房力黑"，字体大小为 26 pt，字体颜色为深海蓝色；输入文字"特价"，设置字体为"思源黑体"，字体大小为 9 pt；输入数字"1999"，设置字体为"Impact"，字体大小为 14 pt；输入符号"¥"，设置字体为"Impact"，字体大小为 14 pt，效果如图 2-2-27c 所示。

a）

b）

c）

图 2-2-27　添加价格标签

a）绘制矩形价格标签　b）"投影"对话框　c）完成效果

（7）选中绘制的价格标签，按"Alt+Shift"组合键的同时将对象向右平移，复制两个对象。运用同样方法再向下复制一行，修改文字内容，如图 2-2-28 所示。

图 2-2-28　复制价格标签

6. 保存与导出文件

（1）执行"文件"→"存储为"命令，保存文件。

（2）执行"文件"→"导出"→"导出为"命令，导出文件，导出的效果图如图 2-2-1 所示。

任务 3　制作优惠券

任务目标

1. 掌握画笔工具的使用方法。

2. 掌握"画笔"面板的用法，能将画笔库中的画笔添加到"画笔"面板中。

3. 能设置路径的描边属性。

4. 能利用"画笔"面板、设置路径的描边属性等制作优惠券。

任务描述

本任务是一个优惠券制作实例，主要利用"画笔"面板、设置路径的描边属性等制作图 2-3-1 所示的国人电器优惠券效果图。要完成本任务，除了要掌握画笔工具及"画笔"面板的使用方法外，还要掌握添加文字效果的方法、颜色搭配和构图技巧。

图 2-3-1　国人电器优惠券效果图

一、画笔工具

Illustrator 2021 中的画笔工具同样可用于绘制矢量图形。画笔工具中的画笔类型有很多种，可使用不同的画笔笔触绘制图形，也可通过自定义画笔来绘制。通过新建画笔，可将自制的画笔添加到"画笔"面板中，以绘制出更为丰富的图形效果。

单击工具箱中的"画笔工具"，在控制栏中对描边、描边粗细、变量宽度配置文件和画笔定义进行设置。设置完成后在页面中拖动鼠标可以绘制出带有设定样式的路径。双击"画笔工具"，可打开"画笔工具选项"对话框，如图 2-3-2 所示。在对话框中可设置画笔的保真度、选项等属性，对话框中各选项的功能如下。

图 2-3-2 "画笔工具选项"对话框

保真度：用于设置向路径中添加新锚点的移动距离，数值越大，路径越平滑。

填充新画笔描边：用于设置使用画笔工具进行绘制的同时填充路径，即使是开放式路径所形成的区域也会自动填充颜色。

保持选定：保持当前绘制路径的选定状态。

编辑所选路径：使用画笔工具编辑现有路径。

范围：用于设置编辑路径的范围。

二、"画笔"面板

画笔工具通常配合"画笔"面板一同使用。执行"窗口"→"画笔"命令，打开"画笔"面板，如图 2-3-3 所示。在"画笔"面板中可选择预设的画笔笔触。

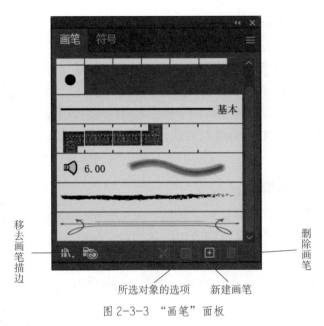

图 2-3-3　"画笔"面板

"画笔"面板中各按钮的功能如下。

移去画笔描边：单击此按钮，可移去画笔的描边。

所选对象的选项：单击此按钮，在打开的"描边选项"对话框中可以重新定义画笔，如图 2-3-4 所示。

新建画笔：单击此按钮，打开"新建画笔"对话框，可选择新建画笔的类型，如图 2-3-5 所示。

删除画笔：在"画笔"面板中选择要删除的画笔，单击此按钮可删除画笔。

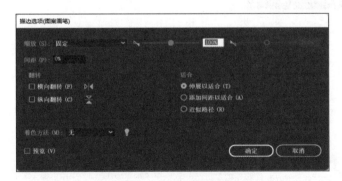

图 2-3-4　"描边选项"对话框

图 2-3-5　"新建画笔"对话框

单击"画笔"面板右上角的"扩展"按钮 ▤，弹出如图 2-3-6 所示的扩展菜单，用户也可以通过扩展菜单中的命令完成对画笔的操作。

画笔的类型包括书法画笔、散点画笔、图案画笔、毛刷画笔和艺术画笔。书法画笔是较常用的画笔形式，可以模拟毛笔、钢笔的绘制效果；散点画笔可用于创建图案沿着笔刷路径分布的效果；图案画笔可用于将设置的图案应用到画笔中，并沿绘制的路径进行重复平铺；毛刷画笔可用于模拟毛刷的绘制效果；艺术画笔可用于沿着路径拉伸画笔的形状，模拟水彩、炭笔或毛笔效果。

三、画笔库菜单

在 Illustrator 2021 中除了默认的"画笔"面板所提供的画笔样式外，还提供了丰富的画笔资源库以供加载。加载方法是：单击"画笔"面板左下角的"画笔库菜单"按钮 ，如图 2-3-7 所示，即可打开"画笔库菜单"，如图 2-3-8 所示。

图 2-3-6　扩展菜单

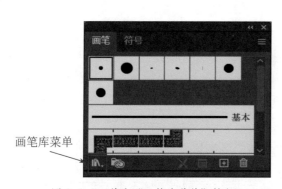

图 2-3-7　单击"画笔库菜单"按钮

图 2-3-8　画笔库菜单

在画笔库菜单中选择相应的命令，可打开对应项的面板，从中单击需要的画笔，被选择的画笔自动添加到"画笔"面板中。例如，在画笔库菜单中执行"装饰"→"装饰_散布"命令，如图 2-3-9 所示，即可打开"装饰_散布"面板，如图 2-3-10 所示。

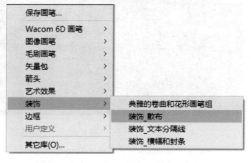

图 2-3-9　执行"装饰_散布"命令

在"装饰_散布"面板中单击"3D几何图形 2"和"含菱形的方形"画笔，"画笔"面板中即可添加这两种画笔，如图 2-3-11 所示。选择工具箱中的画笔工具即可在页面中绘制出图案。

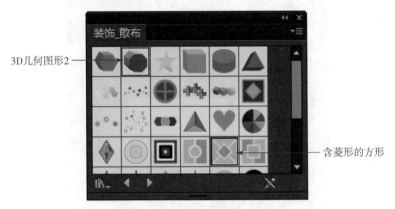

3D几何图形2 ——

—— 含菱形的方形

图 2-3-10 "装饰 _ 散布"面板

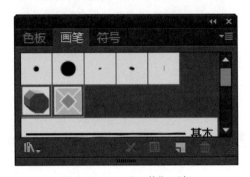

图 2-3-11 "画笔"面板

 小贴士

在 Illustrator 2021 中，用户还可以将画笔描边转换为轮廓，方法为：选择使用画笔工具绘制的线条或添加了画笔描边的路径，执行"对象"→"扩展外观"命令，即可将画笔描边转换为轮廓。

四、斑点画笔工具

斑点画笔工具能够绘制出平滑的线条，该线条不是路径，而是一个闭合的图形。单击工具箱中的"斑点画笔工具"，在控制栏中对描边、描边粗细进行定义。设置完成后，在页面中拖动鼠标可以绘制出带有设定样式的图形。双击工具箱中的"斑点画笔工具"按钮，在弹出的"斑点画笔工具选项"对话框中可以对斑点画笔的大小、角度、圆度、保真度等进行设置，如图 2-3-12 所示。

图 2-3-12 "斑点画笔工具选项"对话框

小贴士

　　使用画笔工具绘制出的是带有描边的路径，而使用斑点画笔工具绘制出的是带有填充的图形。另外，在相邻的两个由斑点画笔工具绘制的图形之间进行相连绘制时，可以将两个图形连接为一个图形。

五、编辑描边属性

　　在 Illustrator 2021 中，不仅可以对描边的颜色进行设置，也可以对描边的粗细、变量宽度配置文件以及画笔定义等进行设置。这些设置均可通过操作路径控制栏中的相应按钮来完成，路径控制栏如图 2-3-13 所示。也可以执行"窗口"→"描边"命令，打开"描边"面板，进行更多设置，"描边"面板如图 2-3-14 所示。

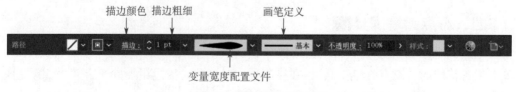

图 2-3-13　路径控制栏

　　"描边"面板中各选项或按钮的功能如下。

　　粗细：用于设置描边线条的宽度，数值越大，描边线条越粗。

端点：用于设置开放式路径两个端点的形状。单击"平头端点"按钮，路径将在终端锚点处结束，如果要准确对齐路径，该选项非常有用。单击"圆头端点"按钮，路径末端呈半圆形原画效果。单击"方头端点"按钮，路径将向外延长到描边粗细值一半的距离结束描边。

图 2-3-14　"描边"面板

边角：用于设置直线路径中边角处的连接方式。单击"斜接连接"按钮，边角将呈直角。单击"圆角连接"按钮，边角将呈现圆角。单击"斜角连接"按钮，边角将呈现斜角。

限制：用于设置斜角的大小。

对齐描边：如果对象是封闭的路径，可单击相应按钮来设置描边与路径对齐的方式。单击"使描边居中对齐"按钮，描边与路径将居中对齐。单击"使描边内侧对齐"按钮，描边与路径的内侧对齐。单击"使描边外侧对齐"按钮，描边与路径的外侧对齐。

虚线：勾选该复选框后，可在下方的"虚线"文本框中设置虚线线段的长度，在"间隙"文本框中设置虚线线段的宽度。

箭头：在该下拉列表框中，可为路径的起点和终点添加箭头。

 小贴士

创建虚线样式后，在"端点"选项中可修改虚线的样式。单击"平头端点"按钮，可创建具有方形端点的虚线。单击"圆头端点"按钮，可创建具有圆形端点的虚线。单击"方头端点"按钮，可创建扩展虚线的端点样式。

六、轮廓化描边

轮廓化描边命令可以将路径转换为独立的填充对象。

对于封闭的路径，执行"轮廓化描边"命令，可将对象的填充与描边进行分离，使描边成为一个独立的填充对象。在页面中绘制一个带有描边的圆形，如图 2-3-15 所示。执行"对象"→"路径"→"轮廓化描边"命令，效果如图 2-3-16 所示。单击鼠标右键，在弹出的快捷菜单中执行"取消编组"命令取消编组，然后移动描边的位置，可以看到描边部分变成了一个图形对象。

对于开放的路径执行此命令，可将开放的路径转换为独立的填充对象。在页面中绘制一条开放的路径，如图 2-3-17 所示。执行"对象"→"路径"→"轮廓化描边"命令，对象的外观没有发生变化，但对象变成了一个独立的填充对象，如图 2-3-18 所示。

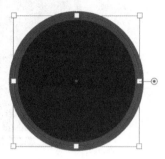

图 2-3-15　绘制圆形并描边

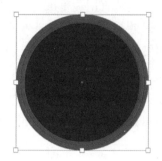

图 2-3-16　轮廓化描边效果

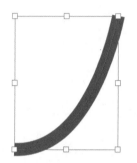

图 2-3-17　绘制开放路径

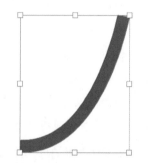

图 2-3-18　轮廓化描边路径

任务实施

1. 新建 Illustrator 文档

执行"文件"→"新建"命令，打开"新建文档"对话框，在对话框的"预设详细信息"选项中输入"国人电器优惠券"，设置文档大小为"A4"，方向为"横向"，颜色模式为"CMYK 颜色"模式，光栅效果为"高（300 ppi）"，单击"创建"按钮。

2. 绘制背景

使用矩形工具在页面中绘制宽度为 160 mm、高度为 54 mm 的矩形，填充为粉色（C21，M91，Y0，K0）到紫色（C68，M89，Y0，K0）的径向渐变，渐变滑块的位置从左到右依次为 20% 和 100%，"渐变"面板设置如图 2-3-19a 所示，效果如图 2-3-19b 所示。执行"对象"→"锁定"命令，锁定背景。

3. 绘制图形

（1）使用椭圆工具在页面中绘制一个尺寸为 30 mm×30 mm 的圆形，填

操作演示

a ）　　　　　　　　　　　　b ）

图 2-3-19　填充渐变颜色
a ）"渐变"面板设置　b ）完成效果

充为紫色（C33，M87，Y0，K0）到蓝色（C79，M24，Y0，K0）的线性渐变，设置角度为 -45°，"渐变"面板设置如图 2-3-20a 所示。绘制一个尺寸为 23 mm×23 mm 的圆形，使用吸管工具吸取同样的渐变色，不透明度调整为 50%，角度为 135°，效果如图 2-3-20b 所示。

a ）　　　　　　　　　　　　b ）

图 2-3-20　绘制圆形
a ）"渐变"面板设置　b ）完成效果

（2）打开素材"国人电器标识 .ai"文件，将国人电器标识复制粘贴到当前文档中，调整颜色为白色，调整位置和大小，如图 2-3-21 所示。

（3）使用钢笔工具在页面中绘制如

图 2-3-21　添加标识

图 2-3-22a 所示的图形，填充为浅紫色（C35，M48，Y0，K0）。绘制如图 2-3-22b 所示的图形，填充为紫色（C58，M77，Y0，K0）。绘制如图 2-3-22c 所示的图形，填充为深紫色（C73，M83，Y0，K0）。

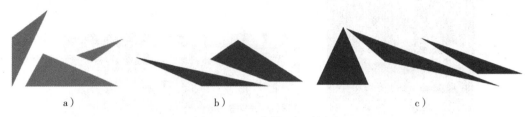

图 2-3-22　绘制不规则图形
a）绘制浅紫色图形　b）绘制紫色图形　c）绘制深紫色图形

（4）选择绘制的多个不规则图形，将它们组合为如图 2-3-23a 所示的图形，执行"对象"→"编组"命令，设置不透明度为 70%，将其放置在图 2-3-23b 所示的位置。镜像复制组合图形，放置在适当位置，效果如图 2-3-23c 所示。

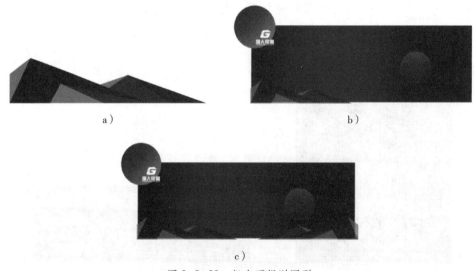

图 2-3-23　组合不规则图形
a）组合不规则图形　b）编组　c）完成效果

（5）使用圆角矩形工具在页面中绘制宽度为 30 mm、高度为 3 mm、半径为 1.5 mm 的圆角矩形，填充为紫色（C32，M91，Y0，K0）到不透明度为 0% 的紫色（C32，M91，Y0，K0）的线性渐变，设置角度为 0°，"渐变"面板设置如图 2-3-24a 所示。设置圆角矩形角度为 30°。复制圆角矩形，填充为浅蓝色（C32，M91，Y0，K0）到不透明度为 0% 的浅蓝色（C84，M0，Y11，K0）的线性渐变，设置角度为 0°，设置圆角矩形角度为 110°，放置在适当位置，效果如图 2-3-24b 所示。

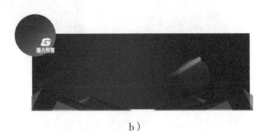

a）　　　　　　　　　　　　　　　　b）

图 2-3-24　绘制圆角矩形
a）"渐变"面板设置　b）完成效果

（6）执行"窗口"→"画笔"命令，打开"画笔"面板。单击"画笔"面板左下角的"画笔库菜单"按钮，打开"画笔库菜单"。在画笔库菜单中执行"装饰"→"装饰_散布"命令，打开"装饰_散布"面板，如图 2-3-25a 所示。将"灰色三角形"拖动至页面中，使用自由变换工具对其进行缩放调整，如图 2-3-25b 所示。

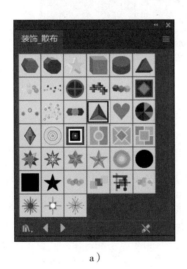
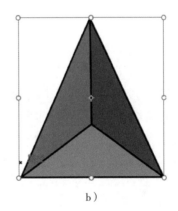

a）　　　　　　　　　　　　　　　　b）

图 2-3-25　绘制三角形
a）"装饰_散布"面板　b）完成效果

（7）选择灰色三角形，执行"对象"→"取消编组"命令取消编组。三角形的三个部分分别填充为浅黄色（C3，M14，Y93，K0）、黄色（C8，M27，Y87，K1）、深黄色（C18，M28，Y88，K5），如图 2-3-26a 所示。调整角度为 230°，放置在合适位置，效果如图 2-3-26b 所示。

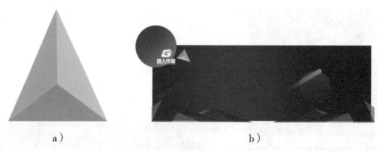

a）　　　　　　　　　　　　　　b）

图 2-3-26　填充三角形颜色

a）填充三角形颜色　b）完成效果

（8）再次选择灰色三角形，取消编组并调整形状后，三角形的三个部分分别填充为浅蓝色（C69，M4，Y6，K0）、蓝色（C82，M0，Y1，K0）、深蓝色（C81，M8，Y0，K0），如图 2-3-27a 所示。复制三角形，调整两个三角形的角度分别为 280°和 80°，将其放置在合适位置，效果如图 2-3-27b 所示。

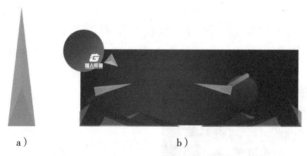

a）　　　　　　　　　　　　　　b）

图 2-3-27　绘制其他图形

a）绘制其他图形并填充颜色　b）完成效果

（9）使用直线段工具在页面中绘制三条长度为 30 mm 的线段，描边粗细设置为 2 pt，端点选择"圆头端点"，分别填充为粉色（C4，M67，Y0，K0）、蓝色（C84，M0，Y11，K0）、黄色（C4，M14，Y93，K0），如图 2-3-28a 所示。调整线段的角度为 30°，并复制蓝色与黄色线段，将其放置在页面左下方，调整位置，效果如图 2-3-28b 所示。

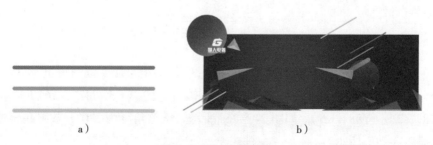

a）　　　　　　　　　　　　　　b）

图 2-3-28　绘制背景

a）绘制三条线段　b）完成效果

4. 绘制主题背景

（1）使用椭圆工具在页面中绘制尺寸为 65 mm×65 mm 和 60 mm×60 mm 的圆形，打开"描边"面板，设置描边粗细为 2 pt，描边颜色为白色，端点为"圆头端点"，边角为"圆角连接"，勾选"虚线"复选框，间隙为 5 pt，"描边"面板如图 2-3-29a 所示，将圆形放置在合适位置，效果如图 2-3-29b 所示。

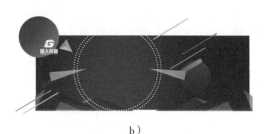

a）　　　　　　　　　　　　　　　　b）

图 2-3-29　绘制圆形外轮廓
a）"描边"面板　b）完成效果

（2）使用椭圆工具分别绘制尺寸为 58 mm×58 mm、53 mm×53 mm、50 mm×50 mm 和 47 mm×47 mm 的圆形，分别填充为蓝色（C84，M0，Y11，K0）、紫色（C87，M93，Y73，K0）、粉色（C32，M91，Y0，K0）和紫色（C87，M93，Y73，K0），并调整到页面的合适位置，如图 2-3-30 所示。

图 2-3-30　绘制内部圆形

（3）使用椭圆工具在页面中绘制尺寸为 56 mm×56 mm 的圆形，打开"描边"面板，设置描边粗细为 4 pt，描边颜色为白色，端点为"圆头端点"，边角为"圆角连接"，勾选"虚线"复选框，间隙为 8 pt，将其放置在合适位置，效果如图 2-3-31 所示。

图 2-3-31　绘制圆形装饰

5. 制作主题文字

（1）使用矩形工具绘制宽度为 13 mm、高度为 5 mm 的矩形，填充为白色到蓝色（C84，M0，Y11，K0）的线性渐变，设置角度为 0°，如图 2-3-32a 所示。使用直接选择工具调整左上方锚点位置，如图 2-3-32b 所示。将调整好的矩形再复制两个，调整角度分别为 90° 和 180°，如图 2-3-32c 所示。

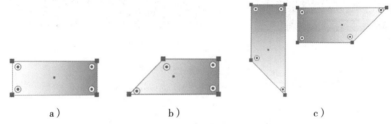

a）　　　　　　　　　　b）　　　　　　　　　　c）

图 2-3-32　绘制并调整横向矩形

a）绘制横向矩形　b）调整横向矩形　c）复制横向矩形

（2）使用矩形工具绘制宽度为 5 mm、高度为 22 mm 的矩形，填充为白色到蓝色（C84，M0，Y11，K0）的线性渐变，设置角度为 -90°，如图 2-3-33a 所示。使用直接选择工具调整右上方锚点位置，如图 2-3-33b 所示。

（3）使用矩形工具绘制宽度为 8 mm、高度为 5 mm 的矩形，填充为白色到蓝色（C84，M0，Y11，K0）的线性渐变，设置角度为 -180°，如图 2-3-34a 所示。绘制宽度为 5 mm、高度为 8 mm 的白色矩形，使用直接选择工具调整左下方锚点位置，如图 2-3-34b 所示。

（4）将以上绘制的图形进行组合，按 "Ctrl+G" 组合键编组对象，如图 2-3-35 所示。

a）　　　　　　b）

图 2-3-33　绘制并调整纵向矩形

a）绘制纵向矩形　b）调整纵向矩形

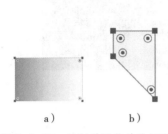

图 2-3-34 绘制并调整其他矩形

a）绘制其他矩形 b）调整其他矩形

图 2-3-35 组合图形

（5）使用文字工具在页面中输入文字"周年"和"嗨购节"，设置字体为"造字工房力黑"，字体颜色为白色，字体大小分别为 46 pt 和 30 pt。将文字与数字放置在合适位置，如图 2-3-36 所示。

（6）使用圆角矩形工具在页面中绘制宽度为 60 mm、高度为 10 mm、半径 2 mm 的圆角矩形，填充为粉色（C1，M58，Y30，K0）。使用倾斜工具设置倾斜角度为 30°，如图 2-3-37a 所示。使用文字工具在页面中输入文字"全城狂欢 钜惠特献"，设置字体为"造字工房力黑"，字体大小为 18 pt，字体颜色为白色，效果如图 2-3-37b 所示。

图 2-3-36 添加主标题

a） b）

图 2-3-37 添加副标题

a）绘制圆角矩形 b）完成效果

（7）使用矩形工具绘制宽度为 127 mm、高度为 54 mm 的矩形，选中矩形和所有对象，执行"建立剪切蒙版"命令，效果如图 2-3-38 所示。

图 2-3-38　建立剪切蒙版效果

6．添加副券文案

（1）运用绘制数字"9"的方法制作数字"100"，如图 2-3-39a 所示。

（2）使用椭圆工具绘制一个尺寸为 3 mm×3 mm 的圆形，颜色调整为白色。使用文字工具输入文字"元"，设置字体为"思源黑体"，字体大小为 6 pt，字体颜色为紫色（C62，M89，Y30，K0），将其放置在"100"的右上方，如图 2-3-39b 所示。

（3）将数字"100"和文字"元"放置在副券的合适位置，效果如图 2-3-39c 所示。

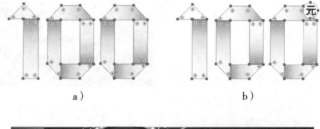

a）　　　　　　　　　　　　b）

c）

图 2-3-39　绘制数字"100"和文字"元"

a）绘制数字"100"　b）绘制文字"元"　c）完成效果

（4）使用直排文字工具在页面中输入文字"优惠券"，设置字体为"思源黑体"，字体大小为 21 pt，字体颜色为白色。输入文字"使用日期：2023 年 8 月 2 日 -7 日"，设置字体为"思源黑体"，字体大小为 6 pt，字体颜色为白色，效果如图 2-3-40 所示。

图 2-3-40　添加副券文案效果

7. 保存与导出文件

（1）执行"文件"→"存储为"命令，保存文件。

（2）执行"文件"→"导出"→"导出为"命令，导出文件，导出的效果图如图 2-3-1 所示。

项目三
卡通设计

卡通设计的范围比较宽泛，它是通过夸张的表现手法，表达设计者对美好生活的向往。

本项目通过制作卡通机器人形象、表情和应用场景，介绍图层、画板、"透明度"面板、不透明蒙版的使用技巧以及混合模式的使用方法。通过学习和训练，培养用户的观察能力，启发思维，锤炼艺术表现能力，以期设计出丰富多彩的卡通作品。

任务 1　制作卡通机器人形象

任务目标

1. 掌握弧形工具的使用方法。

2. 掌握画板工具的使用方法。

3. 掌握"图层"面板中各按钮的用法，能修改图层名称，调整图层顺序。

4. 能根据设计要求，独立设计制作机器人卡通形象。

任务描述

本任务是一个卡通设计实例，主要利用钢笔工具、直接选择工具、弧形工具、画板工具和"图层"面板等制作卡通机器人形象效果图，如图 3-1-1 所示。要完成本任务，除了要熟练掌握钢笔工具、直接选择工具、弧形工具的用法外，还需要能熟练地使用"渐变"面板渐变填充对象。

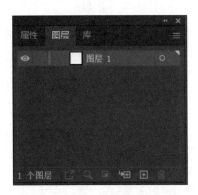

图 3-1-1　卡通机器人形象
效果图

相关知识

一、认识图层和"图层"面板

1. 图层

图层用于管理组成设计图的所有对象，它类似于包含一个或多个对象的透明纸，每层透明纸上绘有不同的画面，层层叠加起来就构成一幅完整的图画。

新建文档后，执行"窗口"→"图层"命令或按"F7"键，打开"图层"面板，如图 3-1-2 所示。

用户在没有认识图层以前，所绘制的对象全部放置在默认的"图层 1"中，使用"图层"面板后，绘制的对象能够以子图层的形式存放在"图层"面板中。这种分层技术方便了对象的管理，是矢量图形制作软件与位图图像处理软件的不同之处。

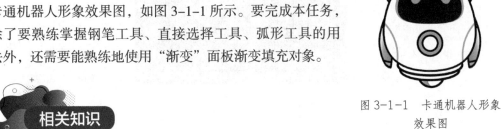

图 3-1-2　"图层"面板

2. 图层面板

双击"图层"面板中的"图层 1"，可修改图层的名称。利用图层技术制作图形后的"图层"面板如图 3-1-3 所示。

"图层"面板中各按钮或选项的功能如下。

扩展箭头 ＞：单击此按钮，可以展开或折叠图层。展开时按钮变为 ∨，显示图层中的所有项。

切换可视性 ◉：图层显示与隐藏的切换按钮。显示此按钮表示该图层为显示状态，不显示此按钮表示该图层为隐藏状态。单击此按钮可进行显示与隐藏图层的切换。

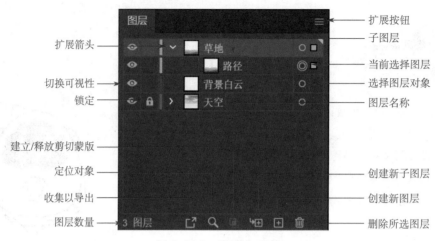

图 3-1-3 "图层"面板

锁定 🔒：锁定图层按钮。有该图标的图层表示当前图层内容不可编辑。单击此按钮可解除图层锁定。

图层数量：显示图层个数。

收集以导出 🔗：选定图层，单击此按钮可导出单个或者多个资源。

定位对象 🔍：单击此按钮，可以选中所选对象所在的图层。

建立 / 释放剪切蒙版 ▣：单击此按钮，可为当前图层建立或释放一个蒙版。

创建新子图层 🔲：单击此按钮，将在当前图层下方添加一个子图层。

创建新图层 ▣：单击此按钮，将在当前图层上方新建一个图层。

删除所选图层 🗑：选定图层，单击此按钮可删除当前图层。直接拖动图层到此按钮上，也可删除图层。

图层名称：用于显示图层名称。

选择图层对象 ◎：单击此按钮，选择图层中的对象。

当前选择图层 ◎：表示此图层为正在编辑的图层。

子图层：用于显示子图层名称。

扩展按钮 ☰：单击此按钮，打开图层扩展菜单。

二、图层的操作

图层的操作主要包括：新建图层、删除图层、复制图层、合并图层、调整图层顺序等。

1. 新建图层

在 Illustrator 2021 中，新建的文档中包含一个默认的图层 1。用户可根据需要创建新的图层，单击"图层"面板中的"创建新图层"按钮 ，或者单击"图层"面板上的扩展按钮 ，在扩展菜单中选择"新建图层"命令，都可以创建新图层。扩展菜单如图 3-1-4 所示。

新建图层后，"图层"面板如图 3-1-5 所示。单击"图层"面板中的"创建新子图层"按钮 ，即可在当前图层之下创建一个空白的新子图层，如图 3-1-6 所示。

图 3-1-4 扩展菜单　　　　图 3-1-5 "图层"面板　　　　　图 3-1-6 创建新子图层

2. 删除图层

选择要删除的图层，单击"图层"面板下方的"删除所选图层"按钮 ，或者将需要删除的图层拖曳到"图层"面板下方的"删除所选图层"按钮  上，均可删除所选图层，如图 3-1-7 所示。也可以单击"图层"面板上的扩展按钮 ，在扩展菜单中选择"删除图层"命令来删除图层。

图 3-1-7 删除图层

3. 复制图层

在"图层"面板中，将需要复制的图层拖动到"创建新图层"按钮上 ，即可复制该图层，得到的图层将位于原图层之上，并在原图层名称之后加上"复制"二字，如图 3-1-8 和图 3-1-9 所示。也可以单击"图层"面板上的扩展按钮 ，在扩展菜单中选择"复制图层"命令来复制图层。

图 3-1-8　复制图层

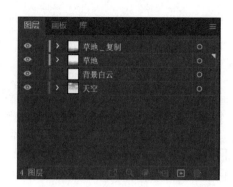

图 3-1-9　复制后的图层

4. 合并图层

在"图层"面板中选中需要合并的图层，然后单击"图层"面板右上角的扩展按钮 ▇，在弹出的扩展菜单中选择"合并所选图层"命令，即可将所选图层合并到最后一次选择的图层中。或者在"图层"面板中按住"Ctrl"或"Shift"键的同时单击需要合并的图层，如图 3-1-10 所示，然后在"图层"面板的扩展菜单中选择"合并所选图层"命令，即可合并图层，合并后的图层如图 3-1-11 所示。

图 3-1-10　选择合并图层

图 3-1-11　合并后的图层

5. 调整图层顺序

在"图层"面板中选中要调整的图层，将其拖动到目的地即可完成图层顺序的调整。

三、画板工具 ▤

画板工具 ▤ 用于调整画板的大小。如果用户在设计过程中对画板的大小不够满意，可使用画板工具调整画板大小。单击工具箱中的"画板工具"按钮，在页面中即可显示"画板 1"的调整控制框，如图 3-1-12 所示。用户可通过拖动边角的控制柄进行调整，也可以在控制栏中的"宽"和"高"选项中输入数值，还可以单击控制栏中的

图 3-1-12　画板调整控制框

"画板选项"按钮来调整，如图 3-1-13 所示。

图 3-1-13 控制栏

单击"画板选项"按钮，打开"画板选项"对话框，如图 3-1-14 所示。用户可通过单击"预设"选项来选择适合的画板。如果"预设"选项不能满足用户的需求，可直接通过"宽度""高度"选项来指定画板大小。

四、"画板"面板

执行"窗口"→"画板"命令，打开"画板"面板，如图 3-1-15a 所示。当只有一个画板存在时，"画板"面板底部除了"新建画板"按钮 外，其余的按钮都不可用。在页面中新建几个画板后，"画板"面板如图 3-1-15b 所示。

图 3-1-14 "画板选项"对话框

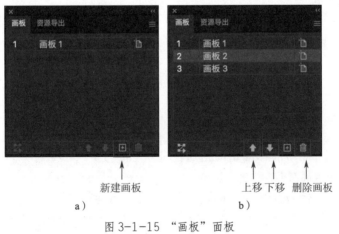

a)

b)

图 3-1-15 "画板"面板
a）打开"画板"面板 b）"画板"面板

"画板"面板的各按钮的功能如下。

上移：单击此按钮，将选中的画板上移一位。

下移：单击此按钮，将选中的画板下移一位。

新建画板：单击此按钮新建一个画板，新建的画板与当前选中的画板一样大。

删除画板：单击此按钮，删除选中的画板。

五、弧形工具

弧形工具用于绘制任意弧度的弧线段，也可以绘制特定尺寸与弧度的弧线段。

按住工具箱中的"直线段工具"按钮，可从弹出的工具组中选择弧形工具。单击"弧形工具"按钮，然后在需要绘制图形的地方单击，在弹出的"弧线段工具选项"对话框中，可对弧线 X 轴、Y 轴长度以及斜率等进行相应的设置，单击"确定"按钮完成设置，即可得到精确尺寸的弧线，如图 3–1–16 所示。

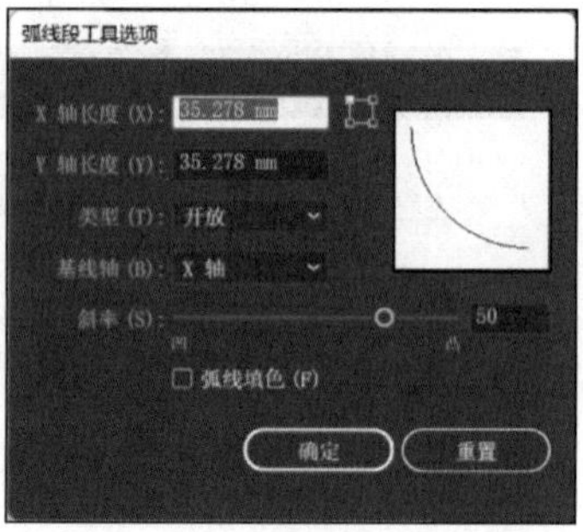

图 3–1–16 "弧线段工具选项"对话框

X 轴长度：在该文本框内输入数值，定义另一个端点在 X 轴方向的距离。

Y 轴长度：在该文本框内输入数值，定义另一个端点在 Y 轴方向的距离。

定位器：在定位器中单击不同的按钮，可以设置弧线端点的位置。

类型：用于定义绘制的弧线段是"开放"还是"闭合"的，默认为开放路径。

基线轴：用于定义绘制的弧线段基线轴为 X 轴还是 Y 轴。

斜率：通过拖动滑块或在右侧文本框中输入数值，可定义绘制的弧线段的弧度，绝对值越大弧度越大，正值凸起，负值凹陷。

弧线填色：当勾选该复选框时，将使用当前的填充颜色填充绘制的弧线段。

 小贴士

绘制弧线段的小技巧：

拖动鼠标绘制的同时按住"Shift"键，可得到 X 轴和 Y 轴长度相等的弧线段。

拖动鼠标绘制的同时，按"C"键可改变弧线段类型，即在开放路径和闭合路径之间切换，按"F"键可以改变弧线段的方向，按"X"键可以使弧线段在"凹"和"凸"曲线之间切换。

拖动鼠标绘制的同时，按上、下方向键可增加或减少弧线段的曲率半径。

拖动鼠标绘制的同时，按住"Space"键，可以随着鼠标移动弧线段的位置。

操作演示

1. 新建 Illustrator 文档

（1）执行"文件"→"新建"命令，在"新建文档"对话框中的"预设详细信息"选项中输入"机器人卡通设计"，默认文档大小，单击"创建"按钮，创建卡通设计文档。

（2）单击工具箱中的"画板工具"，调整画板宽度为 210 mm、高度为 210 mm。

2. 绘制头部与身体

（1）打开"图层"面板，单击"创建新图层"按钮，将新创建的图层名称修改为"身体"，如图 3-1-17 所示。

（2）使用椭圆工具绘制一个尺寸为 100 mm×110 mm 的白色椭圆形，设置描边颜色为黑色，描边粗细为 5 pt，如图 3-1-18a 所示。使用直接选择工具调整椭圆形，如图 3-1-18b 所示。

图 3-1-17 创建新图层

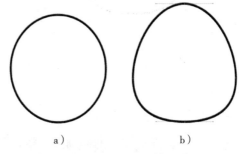

a） b）

图 3-1-18 绘制椭圆形
a）绘制椭圆形 b）调整椭圆形

（3）使用椭圆工具绘制一个尺寸为 75 mm×55 mm 的椭圆形，填充为蓝绿色（C65，M0，Y33，K0）。使用直接选择工具调整椭圆形，将其放置在合适位置，绘制机器人脸部厚度如图 3-1-19 所示。

（4）复制蓝绿色椭圆形，按"Ctrl+F"组合键原位粘贴。按住"Shift"键的同时等比缩小椭圆形，填充为墨绿色（C85，M60，Y70，K70），绘制机器人脸部如图 3-1-20 所示。

（5）使用椭圆工具绘制一个尺寸为 10 mm×14 mm 的椭圆形作为眼睛，填充为蓝绿色（C65，M0，Y33，K0），并使用旋转工具旋转 15°。使用钢笔工具绘制出眉毛，设置描边颜色为蓝绿色（C65，M0，Y33，K0），描边粗细为 3 pt。将描边端点修改为"圆头端点"，放置在合适位置，如图 3-1-21 所示。

（6）按"Ctrl+G"组合键群组眉毛和眼睛，使用镜像工具镜像复制眉毛和眼睛，放置到合适位置，如图 3-1-22 所示。

图 3-1-19　绘制机器人脸部厚度

图 3-1-20　绘制机器人脸部

图 3-1-21　绘制眼睛

图 3-1-22　复制眼睛和眉毛

（7）使用椭圆工具绘制一个尺寸为 26 mm×26 mm 的圆形，填充为蓝绿色（C65，M0，Y33，K0），设置描边颜色为黑色，描边粗细为 5 pt，放置到合适位置，绘制按钮底部结构效果如图 3-1-23 所示。

（8）原位复制刚绘制好的椭圆形，按住"Shift"键的同时等比缩小椭圆形，填充为白色，放置到合适位置，绘制按钮内部结构效果如图 3-1-24 所示。

（9）使用弧形工具绘制出装饰线，设置描边颜色为蓝绿色（C65，M0，Y33，K0），描边粗细为 5 pt。再镜像复制一条装饰线，放置在合适位置，如图 3-1-25 所示。

图 3-1-23　绘制按钮底部结构

图 3-1-24　绘制按钮内部结构

图 3-1-25　绘制装饰线

3.绘制肢体

（1）打开"图层"面板，单击"创建新图层"按钮，将新创建的图层名称修改为"肢体"，放置在"身体"图层下方，如图 3-1-26 所示。

（2）使用椭圆工具绘制一个尺寸为 23 mm×23 mm 的白色圆形作为耳朵，设置描边颜色为黑色，描边粗细为 5 pt，放置在合适位置，如图 3-1-27 所示。

图 3-1-26 "图层"对话框

图 3-1-27 绘制耳朵

（3）使用钢笔工具在耳朵上绘制出阴影，填充为蓝绿色（C65，M0，Y33，K0）到白色的线性渐变，"渐变"对话框如图 3-1-28a 所示。调整耳朵到合适位置，效果如图 3-1-28b 所示。

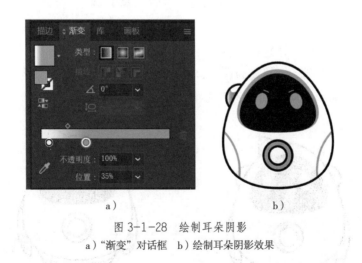

a）

b）

图 3-1-28 绘制耳朵阴影

a）"渐变"对话框 b）绘制耳朵阴影效果

（4）按"Ctrl+G"组合键群组耳朵，使用镜像工具镜像复制耳朵，放置到合适位置，如图 3-1-29 所示。

（5）使用钢笔工具绘制信号接收器，填充为白色，描边颜色为黑色，描边粗细为 5 pt，如图 3-1-30a 所示。绘制出阴影部分，填充为蓝绿色（C65，M0，Y33，K0）到白色的线性渐变，放置到合适位置，效果如图 3-1-30b 所示。

图 3-1-29　复制耳朵

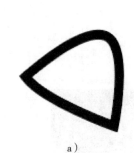

a)　　　　　　　　　　b)

图 3-1-30　绘制信号接收器

a）绘制信号接收器　b）完成效果

（6）使用钢笔工具绘制手臂部分，填充为蓝绿色（C65，M0，Y33，K0），描边颜色为黑色，描边粗细为5 pt，如图 3-1-31a 所示。绘制不规则形状，设置描边粗细为5 pt，颜色填充为蓝绿色（C65，M0，Y33，K0）到白色的线性渐变，蓝色渐变滑块位置为38%，效果如图 3-1-31b 所示。

（7）按"Ctrl+G"组合键群组手臂，使用镜像工具镜像复制手臂，执行"排列"→"置于底层"命令，将其调整到合适位置，如图 3-1-32 所示。

a)　　　　　　　　b)

图 3-1-31　绘制手臂

a）绘制手臂　b）完成效果

（8）使用椭圆工具分别绘制尺寸为 23 mm×21 mm、64 mm×21 mm 的椭圆形，填充为白色，描边颜色为黑色，描边粗细为5 pt。将其放置在机器人底部，调整顺序，如图 3-1-33 所示。

图 3-1-32　复制手臂

图 3-1-33　绘制底部轮圈

（9）使用椭圆工具绘制一个尺寸为 28 mm×28 mm 的圆形，填充为白色，描边颜色为黑色，描边粗细为5 pt，如图 3-1-34a 所示。使用钢笔工具绘制出阴影，填充为蓝绿色（C65，M0，Y33，K0）到白色的线性渐变，效果如图 3-1-34b 所示。

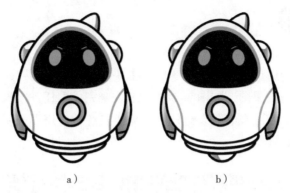

a）   b）

图 3-1-34 绘制底部结构

a）绘制底部结构 b）完成效果

4. 保存与导出文件

（1）执行"文件"→"存储为"命令，保存文件。

（2）执行"文件"→"导出"→"导出为"命令，导出文件，在"导出"对话框中勾选"使用画板"，导出的效果图如图 3-1-1 所示。

任务 2　制作卡通机器人表情

任务目标

1. 掌握"透明度"面板的使用方法。

2. 熟练掌握不透明蒙版工具的用法。

3. 熟练掌握混合模式的用法。

4. 能根据设计要求独立设计制作机器人卡通形象的不同表情。

本任务是一个卡通形象表情设计实例，主要利用"透明度"面板以及不透明蒙版制作卡通机器人表情效果图，如图 3-2-1 所示。要完成本任务，除了要熟练掌握椭圆形工具、钢笔工具的用法来绘制表情外，还需要熟练地使用不透明蒙版、混合模式来制作最终的画面效果。

图 3-2-1　卡通机器人表情效果图

一、"透明度"面板

"透明度"面板不仅可用于设置对象的混合模式和不透明度等属性效果，也可通过该面板创建不透明度蒙版并编辑蒙版。执行"窗口"→"透明度"命令，打开"透明度"面板，如图 3-2-2 所示。

混合模式：用于设置对象之间的混合模式。

不透明度：用于设置对象的不透明度效果，数值越低，对象越透明。

扩展按钮：单击此按钮，打开扩展菜单，从中选择相应的菜单命令可进行透明度和蒙版的相关设置。

图 3-2-2　"透明度"面板

二、不透明蒙版

不透明蒙版用于修改对象不透明度,通过蒙版对象的灰度值来产生遮罩效果。

1. 建立不透明蒙版

要创建不透明蒙版,可以在添加蒙版路径后,框选该路径与需要应用不透明蒙版的对象,然后单击"透明度"面板右上角的扩展按钮,从弹出的扩展菜单中选择"建立不透明蒙版"命令,如图 3-2-3 所示。应用了不透明蒙版的图像效果如图 3-2-4a 所示,"透明度"面板如图 3-2-4b 所示。

图 3-2-3　扩展菜单

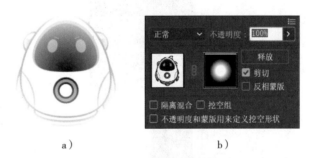

a)　　　　　　　　b)

图 3-2-4　应用不透明蒙版

a)应用不透明蒙版效果　b)"透明度"面板

2. 设置不透明蒙版

对象添加了不透明蒙版后,"透明度"面板中显示的蒙版透明度状态由蒙版路径的颜色色调决定。当蒙版路径颜色为黑色时,所有应用了不透明蒙版的对象不可见;当蒙版路径颜色为白色时,所有应用了不透明蒙版的对象均可见;当蒙版路径颜色为其他不同色调的颜色时,所有应用了不透明蒙版的对象呈现不同程度的半透明状态。因此,可结合"渐变"面板对蒙版路径进行调整,来设置对象的不透明蒙版效果。

单击"透明度"面板中的蒙版路径,使用"渐变"面板或者渐变工具调整不透明蒙版,效果如图 3-2-5 所示。

图 3-2-5　调整不透明蒙版效果

三、混合模式

混合模式中的"混合"是指当前对象中的内容与下方图像之间颜色的混合。混合模式不仅可以直接对对象进行设置，在应用内发光、投影等效果时也可以用到混合模式。混合模式的设置主要用于多个对象的融合、使画面同时具有多个对象的特质、改变画面色调、制作特效等情况。不同的混合模式作用于不同的对象，往往会产生千变万化的效果。

想要设置对象的混合模式，需要在"透明度"面板中进行。

选中需要设置的对象，执行"窗口"→"透明度"命令，打开"透明度"面板。在混合模式下拉列表框中选择一种混合模式，当前画面效果将会发生变化。

混合模式下拉列表框中包含多种混合模式，如图 3-2-6 所示。

1."正常"模式

默认情况下，对象的混合模式为"正常"。在这种模式下，"不透明度"为 100% 时则完全遮挡下方图层，降低该图层不透明度可以隐约显露出下方的图层，效果如图 3-2-7 所示。

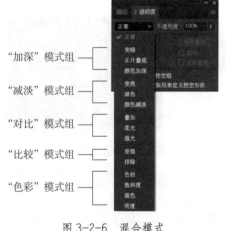

图 3-2-6　混合模式

图 3-2-7　"正常"模式效果

2."加深"模式组

"加深"模式组中包含三种混合模式，这些混合模式可以使当前对象的白色像素被下层较暗的像素替代，使图像产生变暗效果。

变暗：比较每个通道中的颜色信息，并选择基色或混合色中较暗的颜色作为结果色，同时替换比混合色亮的像素，而比混合色暗的像素保持不变，效果如图 3-2-8 所示。

正片叠底：任何颜色与黑色混合产生黑色，任何颜色与白色混合保持不变，效果如图 3-2-9 所示。

颜色加深：通过增加上下层图像之间的对比度来使像素变暗，与白色混合后不产生变化，效果如图 3-2-10 所示。

图 3-2-8 "变暗"　　　　图 3-2-9 "正片叠底"　　　　图 3-2-10 "颜色加深"
　模式效果　　　　　　　　模式效果　　　　　　　　　模式效果

3. "减淡"模式组

"减淡"模式组中包含三种混合模式，这些混合模式会使图像中黑色的像素被较亮的像素替换，而任何比黑色亮的像素都可能提亮下层图像，所以"减淡"模式组会使图像变亮。

变亮：比较每个通道中的颜色信息，并选择基色或混合色中较亮的颜色作为结果色，同时替换比混合色暗的像素，而比混合色亮的像素保持不变，效果如图 3-2-11 所示。

滤色：与黑色混合时颜色保持不变，与白色混合时产生白色，效果如图 3-2-12 所示。

颜色减淡：通过减小上下层图像之间的对比度来提亮底层图像的像素，效果如图 3-2-13 所示。

图 3-2-11 "变亮"　　　　图 3-2-12 "滤色"　　　　图 3-2-13 "颜色减淡"
　模式效果　　　　　　　　模式效果　　　　　　　　　模式效果

4."对比"模式组

"对比"模式组中包含三种混合模式，这些混合模式可以使图像中 50% 的灰色完全消失，亮度值高于 50% 灰色的像素将提亮下层的图像，亮度值低于 50% 灰色的像素则使下层图像变暗，以此加强图像的明暗差异。

叠加：对颜色进行过滤并提亮上层图像，具体取决于底层颜色，同时保留底层图像的明暗对比，效果如图 3-2-14 所示。

柔光：使颜色变暗或变亮，具体取决于当前图像的颜色。如果上层图像比 50% 灰色亮，则图像变亮；如果上层图像比 50% 灰色暗，则图像变暗，效果如图 3-2-15 所示。

强光：对颜色进行过滤，具体取决于当前图像的颜色。如果上层图像比 50% 灰色亮，则图像变亮；如果上层图像比 50% 灰色暗，则图像变暗，效果如图 3-2-16 所示。

图 3-2-14 "叠加"模式效果　　图 3-2-15 "柔光"模式效果　　图 3-2-16 "强光"模式效果

5."比较"模式组

"比较"模式组中包含两种混合模式，这些混合模式可以对比当前图像与下层图像的颜色差别，将颜色相同的区域显示为黑色，颜色不同的区域显示为灰色或彩色。如果当前对象中包含白色，那么白色区域会使下层图像反相，而黑色不会对下层图像产生影响。

差值：上层图像与白色混合将反转底层图像的颜色，与黑色混合则不产生变化，效果如图 3-2-17 所示。

排除：创建一种与"差值"模式相似但对比度更低的混合效果，效果如图 3-2-18 所示。

6."色彩"模式组

"色彩"模式组中包含四种混合模式，这些混合模式会自动识别图像的颜色属性（色相、饱和度和亮度），然后将其中的一种或两种应用在混合后的图像中。

色相：用底层图像的明亮度和饱和度以及上层图像的色相来创建结果色，效果如图 3-2-19 所示。

图 3-2-17 "差值"模式效果　　　　　图 3-2-18 "排除"模式效果

饱和度：用底层图像的明亮度和色相以及上层图像的饱和度来创建结果色。在饱和度为 0 的灰度区域应用该模式不会产生任何变化，效果如图 3-2-20 所示。

图 3-2-19 "色相"模式效果　　　　　图 3-2-20 "饱和度"模式效果

混色：用底层图像的明亮度以及上层图像的色相和饱和度来创建结果色，这样可以保留图像中的灰阶，对于为单色图像或彩色图像着色非常有用，效果如图 3-2-21 所示。

明度：用底层图像的色相和饱和度以及上层图像的明亮度来创建结果色，效果如图 3-2-22 所示。

图 3-2-21 "混色"模式效果　　　　　图 3-2-22 "明度"模式效果

1. 新建 Illustrator 文档

执行"文件"→"新建"命令，在"新建文档"对话框中的"预设详细信息"选项中输入"卡通机器人表情设计"，设置文档大小为"A4"，方向为"横向"，颜色模式为"CMYK 颜色"模式，光栅效果为"高（300 ppi）"，单击"创建"按钮。

2. 绘制生气表情

（1）将任务 1 绘制完成的"卡通机器人形象"复制到画板中，执行"对象"→"取消编组"命令，取消编组，删除机器人的眼睛与眉毛部分，如图 3-2-23 所示。

（2）使用椭圆工具绘制一个尺寸为 17 mm×17 mm 的圆形，填充为蓝绿色（C65，M0，Y33，K0），无描边色。使用钢笔工具绘制出黑色不规则图形，放置在圆形上方，效果如图 3-2-24a 所示。

图 3-2-23　删除眼睛和眉毛

（3）选中不规则图形与圆形，执行"窗口"→"路径查找器"命令，打开"路径查找器"面板，单击"减去顶层"按钮，效果如图 3-2-24b 所示。

（4）使用镜像工具镜像复制眼睛，放置在合适位置，效果如图 3-2-25 所示。

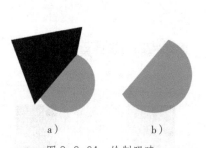

a）　　　　　　　b）

图 3-2-24　绘制眼睛

a）绘制圆形和不规则图形　b）完成效果

图 3-2-25　生气表情效果

3. 绘制开心表情

（1）复制机器人生气表情，随后删除机器人的眼睛，如图 3-2-26 所示。

（2）使用椭圆工具绘制一个尺寸为 15 mm×20 mm 的椭圆形，描边颜色为蓝绿色（C65，M0，Y33，K0），描边粗细为 9 pt。使用直接选择工具删除最下方锚点，打开

"描边"面板，将描边端点设置为"圆头端点"，如图3-2-27所示。

（3）选中对象，按住"Alt+Shift"键的同时将对象向右平移，复制对象，效果如图3-2-28所示。

图3-2-26　复制机器人并删除眼睛　　图3-2-27　绘制微笑的眼睛　　图3-2-28　开心表情效果

4. 制作背景

（1）使用矩形工具绘制与画板相同大小的矩形，填充为橙色（C11，M35，Y71，K0）。执行"排列"→"置于底层"命令，将橙色矩形作为背景，如图3-2-29所示。

操作演示

（2）将微笑表情的机器人放大到合适位置。使用椭圆工具绘制一个尺寸为190 mm×220 mm的椭圆形，填充为白色到黑色的径向渐变，调整到合适位置，如图3-2-30所示。

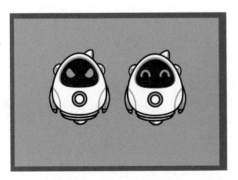 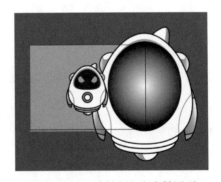

图3-2-29　绘制背景　　　　　　　　图3-2-30　绘制径向渐变椭圆形

（3）同时选中椭圆形和微笑表情的机器人，执行"窗口"→"透明度"→"制作蒙版"命令，如图3-2-31a所示。复制微笑表情机器人，调整到合适位置，效果如图3-2-31b所示。

（4）打开素材"文字.ai"文件，将文字复制到背景。选中文字，执行"窗口"→"透明度"→"混合模式"→"叠加"命令。选中生气表情的机器人，执行"排列"→"置于顶层"命令，效果如图3-2-32所示。

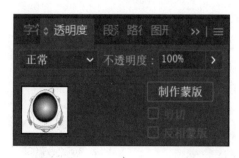
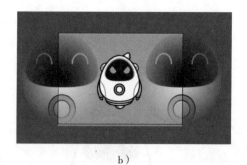

a)   b)

图 3-2-31   建立不透明蒙版效果

a)"透明度"面板   b)完成效果

（5）使用矩形工具绘制与画板相同大小的矩形，填充为褐色（C52，M68，Y100，K15）。选中所有对象，执行"建立剪切蒙版"命令，效果如图 3-2-33 所示。

图 3-2-32   导入文字效果   图 3-2-33   最终效果

5. 保存与导出文件

（1）执行"文件"→"存储为"命令，保存文件。

（2）执行"文件"→"导出"→"导出为"命令，导出文件，在"导出"对话框中勾选"使用画板"，导出的效果图如图 3-2-1 所示。

任务 3 制作卡通机器人应用场景

任务目标

1. 掌握铅笔工具的使用方法。
2. 熟练平滑工具的使用方法。
3. 掌握美工刀工具的使用方法。
4. 能根据设计要求独立设计制作卡通形象。

任务描述

本任务是一个卡通设计实例，主要利用铅笔工具、平滑工具以及美工刀工具制作卡通机器人应用场景效果图，如图 3-3-1 所示。要完成本任务，除了要熟练掌握以上工具的用法外，还需要熟练地掌握钢笔工具的用法。

图 3-3-1　卡通机器人应用场景效果图

相关知识

一、Shaper 工具

Shaper 工具的功能非常强大，一方面可以绘制图形，另一方面能够对图形进行造型。

1. 绘图功能

Shaper 工具的绘图方法和常规的绘图工具有所不同，使用该工具可以粗略绘制出几何形状的基本轮廓，软件会根据这个轮廓自动生成精准的几何形状。单击工具箱中的 "Shaper 工具"（组合键为 "Shift+N"），然后按住鼠标左键拖动绘制一个矩形。在拖动鼠标绘制的时候，这个矩形肯定是不够标准的，但是松开鼠标后，软件会自动计算得到标准的矩形。需要注意的是，使用该工具只能绘制几种简单的几何图形，部分图形如图 3-3-2 所示。

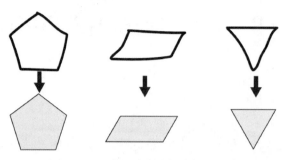

图 3-3-2　绘图功能绘制的部分图形

2. 造型功能

Shaper 的中文含义为造型者、整形器，因此 Shaper 工具也可以称为"造型工具"。使用该工具对形状的重叠位置进行涂抹，可以得到一个复合图形。

首先绘制两个图形并将其重叠摆放（此时无须选中图形），如图 3-3-3a 所示。接着在工具箱中单击"Shaper 工具"按钮，将鼠标指针移动至图形上三角形和方形之间相交处，被分割形成部分会以虚线显示，在某一个区域处按住鼠标左键拖动，如图 3-3-3b 所示。松开鼠标左键后该区域被删除了，如图 3-3-3c 所示。

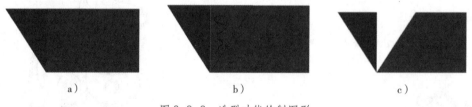

a）　　　　　　　　　　　b）　　　　　　　　　　　c）

图 3-3-3　造型功能绘制图形

a）绘制两个图形　b）使用 Shaper 工具造型　c）完成效果

二、铅笔工具

铅笔工具 主要用于徒手绘制随意的路径，不仅可以像画笔工具一样绘制图形，还能够对已经绘制好的图形进行形态的调整，以及连接原本不相接的路径，如图 3-3-4 所示。

三、平滑工具

使用平滑工具 可以快速平滑所选路径，并且尽可能地保持路径原来的形状。选择需要平滑的图形，在工具箱中单击"平滑工具"按钮，接着在路径边缘处按住鼠标左键反复涂抹，被涂抹的区域逐渐变得平滑。松开鼠标完成平滑操作，如图 3-3-5所示。

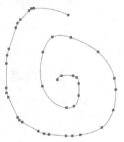

图 3-3-4　铅笔工具
绘制图形

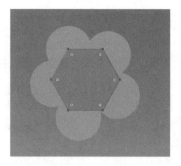

图 3-3-5 平滑工具平滑图形

 小贴士

双击工具箱中的"平滑工具"按钮 ，在弹出的"平滑工具选项"对话框中也可以进行"保真度"的设置。保真度数值越大，涂抹效果的平滑程度越大，保真度数值越小，平滑程度越小。

四、路径橡皮擦工具

路径橡皮擦工具可以擦除路径上的部分区域，使路径断开。选中要修改的对象，如图 3-3-6a 所示，单击工具箱中的"路径橡皮擦工具"按钮，沿着要擦除的路径拖动鼠标，即可擦除部分路径，如图 3-3-6b 所示。被擦除过的闭合路径会变为开放路径。需要注意的是，路径橡皮擦工具不能用于"文本对象"或者"网格对象"的擦除。

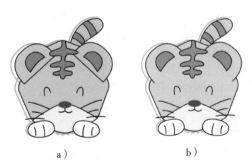

a)　　　　　　　　　　　　b)

图 3-3-6 路径橡皮擦工具擦除路径

a）选中要修改的对象　b）使用路径橡皮擦工具擦除部分路径

五、连接工具

连接工具能够将两条开放的路径连接起来，还能够将多余的路径删除，并保留路径原有的形状。

连接开放的路径：如图 3-3-7a 所示，小猫的左耳朵是两条开放路径，右耳朵路径多了一段。使用连接工具能够进行修改。在工具箱中单击"连接工具"按钮，在两条开放路径上按住鼠标左键拖动，如图 3-3-7b 所示。松开鼠标左键即可连接两条路径，如图 3-3-7c 所示。

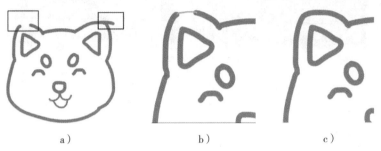

a）　　　　　　　　　　b）　　　　　　　　　　c）

图 3-3-7　连接开放的路径

a）原图　b）使用连接工具连接开放路径　c）完成效果

删除多余路径：使用连接工具在多余路径与另一条路径相交位置按住鼠标左键拖动进行涂抹，如图 3-3-8a 所示。松开鼠标左键即可将多余的路径删除，效果如图 3-3-8b 所示。整体效果如图 3-3-8c 所示。

a）　　　　　　　　　　b）　　　　　　　　　　c）

图 3-3-8　删除多余路径

a）使用连接工具删除多余路径　b）删除多余路径效果　c）整体效果

六、美工刀工具

使用美工刀工具可以将一个对象以任意的分割线划分为各个构成部分的表面，其分割的方式非常随意，以鼠标指针移动的位置进行切割。

1. 切割全部对象

页面中没有任何对象被选中，直接使用美工刀在对象上进行拖动，即可将鼠标指针移动范围内的所有对象进行分割。

2. 切割选中对象

如果有特定的对象需要切割，则单击工具箱中的"美工刀"按钮，将要进行切割的对象选中，然后按住鼠标左键沿着要进行裁切的路径拖动，被选中的路径被分割为两个部分，与之重合的其他路径没有被分割。

3. 以直线切割对象

使用美工刀工具的同时，按住"Alt"键能够以直线分割对象，按住"Shift+Alt"键能够以水平直线、垂直直线或斜 45° 的直线分割对象。

任务实施

1. 新建 Illustrator 文档

执行"文件"→"新建"命令，在"新建文档"对话框的"预设详细信息"选项中输入"卡通机器人应用场景设计"，设置文档大小为"A4"，方向为"横向"，颜色模式为"CMYK 颜色"模式，光栅效果为"高（300 ppi）"，单击"创建"按钮。

2. 绘制难过表情

（1）将任务 1 绘制完成的"卡通机器人形象"复制到画板中，并删除右侧的手臂，如图 3-3-9 所示。

（2）使用钢笔工具绘制出手臂外形，填充为蓝绿色（C65，M0，Y33，K0），描边颜色为黑色，描边粗细为 3 pt，如图 3-3-10 所示。

（3）使用美工刀工具分割手臂，并将手臂中间部分填充为白色，如图 3-3-11 所示。

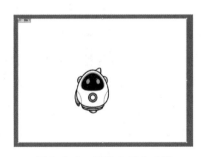

图 3-3-9　删除右侧的手臂

图 3-3-10　绘制手臂外形

图 3-3-11　分割手臂并填色

（4）使用钢笔工具在白色部分绘制阴影，填充为蓝绿色（C65，M0，Y33，K0）到白色的线性渐变，"渐变"面板如图 3-3-12a 所示。调整阴影到合适位置，效果如图 3-3-12b 所示。

（5）将绘制好的手臂放置在合适位置，如图 3-3-13 所示。

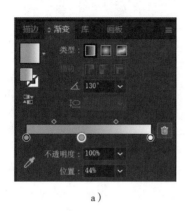

a）   b）

图 3-3-12　绘制手臂外形阴影
a）"渐变"面板　b）完成效果

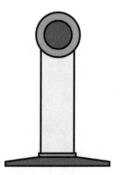

图 3-3-13　放置手臂位置

3. 绘制机器架

（1）使用椭圆工具与矩形工具绘制出底座，分别填充为深蓝色（C88，M46，Y30，K5）、浅蓝色（C55，M9，Y11，K0）、蓝白色（C11，M0，Y0，K0），描边颜色均为黑色，描边粗细均为3 pt，如图 3-3-14 所示。

（2）使用钢笔工具绘制出机械臂，填充为白色，描边颜色均为黑色，描边粗细均为3 pt，如图 3-3-15 所示。

（3）使用钢笔工具根据机械臂形状绘制阴影，填充为蓝白色（C11，M0，Y0，K0），描边颜色均为黑色，描边粗细均为3 pt，如图 3-3-16 所示。

图 3-3-14　绘制底座

图 3-3-15　绘制机械臂

图 3-3-16　绘制机械臂阴影

（4）使用钢笔工具绘制机械臂细节，填充为浅蓝色（C55，M9，Y11，K0）和深蓝色（C88，M46，Y30，K5），描边颜色均为黑色，描边粗细均为3 pt，如图 3-3-17 所示。

（5）使用平滑工具，平滑机械臂细节左边的两个角，效果如图 3-3-18 所示。

（6）使用椭圆工具绘制三个尺寸为 1 mm × 1 mm 的黑色圆形，描边粗细为 3 pt，调整位置，如图 3-3-19 所示。

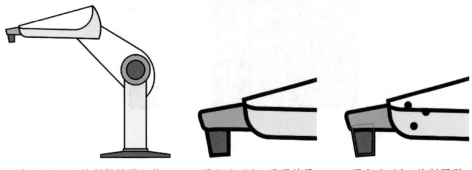

图 3-3-17　绘制机械臂细节　　　图 3-3-18　平滑效果　　　图 3-3-19　绘制圆形

（7）使用钢笔工具绘制机械臂电线，填充为蓝色（C69，M21，Y18，K0）和深蓝色（C88，M46，Y30，K5），描边颜色均为黑色，描边粗细均为 3 pt，如图 3-3-20 所示。

4. 绘制灯泡

（1）使用椭圆工具绘制一个尺寸为 29 mm × 29 mm 的圆形，使用矩形工具绘制一个宽度为 17 mm、高度为 12 mm 的矩形。圆形和矩形均填充为天蓝色（C49，M6，Y20，K0），描边颜色均为黑色，描边粗细均为 3 pt，如图 3-3-21a 所示。选中圆形和矩形，执行"路径查找器"→"联集"命令。使用锚点工具调整节点，打开"透明度"面板，将灯泡的不透明度调整为 70%，效果如图 3-3-21b 所示。

操作演示

图 3-3-20　绘制机械臂电线

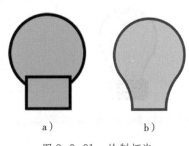

a）　　　　　　　b）

图 3-3-21　绘制灯泡
a）绘制灯泡　b）完成效果

（2）使用矩形工具绘制一个宽度为 16 mm、高度为 8 mm 的矩形，打开"变换"面板，调整圆角角度为 0.4 mm，如图 3-3-22a 所示。矩形填充为湖蓝色（C82，M34，Y43，K7），描边颜色为黑色，描边粗细为 3 pt，效果如图 3-3-22b 所示。

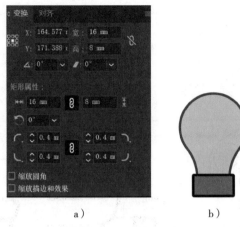

图 3-3-22　绘制灯泡底座

a）"变换"面板　b）完成效果

（3）使用铅笔工具绘制一条线段，描边颜色为黑色，描边粗细为 4 pt。选中线段复制三个，调整位置，如图 3-3-23 所示。

（4）使用钢笔工具和椭圆工具绘制不规则图形，填充为湖蓝色（C82，M34，Y43，K7），无描边色，如图 3-3-24a 所示。使用矩形工具绘制一个宽度为 6 mm、高度为 14 mm的矩形，描边颜色为湖蓝色（C82，M34，Y43，K7），描边粗细为 3 pt，无填充色。使用直接选择工具删除矩形下方线段，如图 3-3-24b 所示。选中绘制的图形，执行"对象"→"复合路径"→"建立"命令，再执行"透明度"→"制作蒙版"命令，勾选"反相蒙版"，取消勾选"剪切"。将两个小不规则图形放置到大不规则图形的下一层，效果如图 3-3-24c 所示。

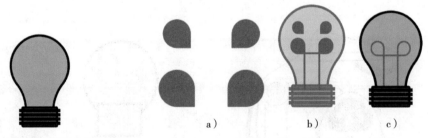

图 3-3-23　绘制灯泡底座细节

图 3-3-24　绘制灯丝

a）绘制不规则图形　b）绘制矩形　c）完成效果

（5）使用画笔工具为灯泡绘制高光，填充色和描边色均设置为白色，描边粗细为1.5 pt，画笔自定义设置为"5 点圆形"，画笔控制栏如图 3-3-25 所示。调整高光位置，如图 3-3-26 所示。

图 3-3-25　画笔控制栏

5. 绘制背景

（1）使用圆角矩形工具绘制宽度为185 mm、高度为7 mm、圆角半径为1.8 mm的圆角矩形，填充为淡蓝色（C34，M14，Y2，K0），如图3-3-27a所示。使用铅笔工具绘制背景图形，使用平滑工具修正背景图层的边缘线条，使其流畅，填充为淡蓝色（C34，M14，Y2，K0），效果如图3-3-27b所示。

图3-3-26　绘制灯泡高光

a）　　　　　　　　　　　　　　b）

图3-3-27　绘制背景图形

a）绘制圆角矩形　b）完成效果

（2）打开素材"叶子.ai"文件，调整叶子的大小和位置。将绘制的机器人、机械臂和灯泡放置到背景中。选中叶子和背景图形，执行"排列"→"置于底层"命令，效果如图3-3-28所示。

图3-3-28　最终效果

6. 保存与导出文件

（1）执行"文件"→"存储为"命令，保存文件。

（2）执行"文件"→"导出"→"导出为"命令，导出文件，在"导出"对话框中勾选"使用画板"，导出的效果图如图3-3-1所示。

项目四
插画设计

　　插画也叫插图，是一种绘画作品，也是平面设计中的一种图像设计手法。它不仅能衬托文字、突出主题，还能增强艺术感染力。插画设计作为现代设计中一种重要的视觉传达方式，以其直观的形象性、真实的生活感在现代设计中占有特定的地位。

　　本项目通过制作静物插画、人物插画、场景插画，来介绍图案填充、"符号"面板、螺旋线工具、光晕工具以及魔棒工具和套索工具的用法。通过学习和训练，用户能设计出丰富多彩的插画来装点、美化生活。

任务 1　制作静物插画

任务目标

1. 掌握螺旋线工具的使用方法。
2. 掌握"符号"面板和符号库的用法。
3. 掌握图案填充的用法，能在任意图形中填充图案。
4. 能利用螺旋线工具、"符号"面板、图案填充等制作静物插画。

任务描述

本任务是一个插画制作实例，主要利用"符号"面板、符号库、图案填充和螺旋线工具等制作静物插画效果图，如图4-1-1所示。要完成本任务，需要熟练掌握钢笔工具、"符号"面板、符号库、图案填充和螺旋线工具的用法。

相关知识

图4-1-1　静物插画效果图

一、"符号"面板

"符号"面板用于载入符号、创建符号、应用符号及编辑符号。执行"窗口"→"符号"命令，打开"符号"面板，如图4-1-2所示。在该面板中可选择不同类型的符号。

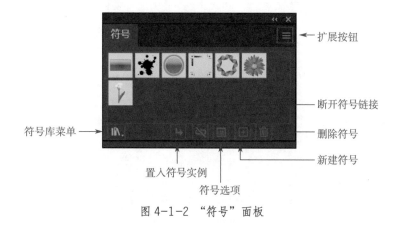

图4-1-2　"符号"面板

"符号"面板中各按钮的功能如下。

符号库菜单：单击此按钮，打开符号库菜单，从中选择提供的符号库，或载入自定义符号库。

置入符号实例：用于将选定的符号置入实例中。

断开符号链接：用于断开选定符号的链接，将符号转换为路径。

符号选项：在页面中选择符号，然后单击此按钮，弹出"符号选项"对话框，在对话框中设置符号的名称和类型等属性。

新建符号：将选定对象作为符号创建到"符号"面板中。

删除符号：用于删除选定的符号。

扩展按钮：单击此按钮，打开扩展菜单，从中选择相关命令，可重新定义符号、复制符号、编辑符号、放置符号实例或替换符号等。

二、符号库

Illustrator 2021 提供了丰富的符号库供用户使用。用户除了可以单击"符号"面板中的"符号库菜单"按钮打开子菜单来选择需要的符号，或者单击"符号"面板中的扩展按钮，从扩展菜单中选择"打开符号库"命令来选择需要的符号外，还可以直接执行"窗口"→"符号库"命令，从子菜单中选择相关命令来选择需要的符号，如图 4-1-3 所示。

图 4-1-3　符号库子菜单

三、"色板"面板

"色板"面板中有很多预设的颜色、渐变和图案，可以直接用于图形的填色和描边。执行"窗口"→"色板"命令，打开"色板"面板，如图 4-1-4 所示。

"色板"面板各按钮的功能如下。

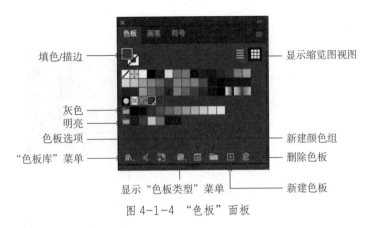

图 4-1-4　"色板"面板

"色板库"菜单：单击此按钮，可以在打开的下拉菜单中选择一个色板库。

显示"色板类型"菜单：单击此按钮，在打开的下拉菜单中选择一个选项，可以在面板中单独显示颜色、渐变、图案或颜色组。

色板选项：单击此按钮，打开"色板选项"对话框，用户可以设置颜色参数。

新建颜色组：颜色组是为某些操作需要预先设置的一组颜色。按住"Ctrl"键单击多个色板，将它们同时选取，再单击此按钮，可将它们以组的形式存放在"色板"面板中，方便重复使用。

新建色板：单击此按钮，可以将当前选取的颜色、渐变或图案创建到"色板"面板中。

删除色板：选中色板中要删除的色板，单击此按钮从"色板"面板中删除此色板。

四、图案填充

在 Illustrator 2021 中，"色板"面板和色板库中内置了很多种类的图案样式可供选择。除此之外，用户还可以将填充或描边创建为自定义图案。

1. 使用图案填充

选择一个图形，如图 4-1-5 所示。执行"窗口"→"色板"命令，打开"色板"面板，单击"色板"面板底部的"色板库"菜单按钮 ，在弹出的菜单中执行"图案"命令，在子菜单中可以看到三组图案库，如图 4-1-6 所示。在子菜单中选择某一命令即可打开一个图案面板。例如，执行"装饰"→"装饰旧版"，即可打开"装饰旧版"面板，如图 4-1-7 所示。单击某一图案，即可为选中的图形填充图案，如图 4-1-8 所示。在面板的底部不仅有"色板库"菜单按钮，还有"加载上一色板库"按钮 和"加载下一色板库"按钮 ，使用这两个按钮可以快速切换面板。例如，在"装饰旧版"面板中单击"加载上一色板库"按钮，可以切换到"Vonster 图案"面板，如图 4-1-9a 所示。单击"加载下一色板库"按钮，可以切换到"大地色调"面板，如图 4-1-9b 所示。

图 4-1-5　选择图形

图 4-1-6　"色板库"菜单子菜单

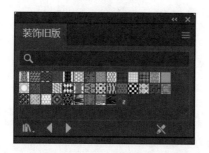

图 4-1-7　"装饰旧版"面板

图 4-1-8　填充图案

a）

b）

图 4-1-9　"Vonster 图案"面板和"大地色调"面板

a）"Vonster 图案"面板　b）"大地色调"面板

2. 创建图案色板

Illustrator 2021 虽然提供了多种预设图案，但是这些图案并不一定能够完全满足我们的需要，这时就可以将需要使用的图形创建为可供调用的图案色板。

首先选择一个将要定义为图案的对象，如图 4-1-10 所示。执行"对象"→"图案"→"建立"命令，在弹出的提示对话框中单击"确定"按钮，如图 4-1-11 所示。

图 4-1-10 自定义图案

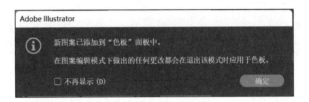

图 4-1-11 提示对话框

在弹出的"图案选项"面板中，可以对图案的大小、位置、拼贴类型、重叠等选项进行设置，如图 4-1-12 所示。

此时可以看到选定的图案拼贴的效果。在图案左上方有"存储副本""完成"和"取消"三个按钮。单击"存储副本"按钮可以将图案存储为副本；单击"完成"按钮完成图案建立操作；单击"取消"按钮可以取消图案定义的操作。单击"完成"按钮后，新建的图案就会出现在"色板"面板中，如图 4-1-13 所示。新建任何图形即可填充选定的图案，如图 4-1-14 所示。

图 4-1-12 "图案选项"面板

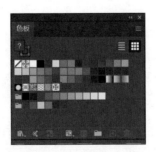

图 4-1-13 "色板"面板

图 4-1-14 填充自定义图案

五、螺旋线工具

螺旋线工具位于线条工具组中。按住工具箱中的"直线段工具"按钮，可从弹出的工具组中选择螺旋线工具。

使用螺旋线工具可以绘制出半径不同、段数不同、样式不同的螺旋线。单击"螺旋线工具"按钮，在螺旋线的中心按住鼠标左键向外拖动，松开鼠标后即可得到螺旋线，如图 4-1-15a 所示。使用选择工具选中螺旋线，可以在控制栏中更改填充颜色或描边颜色，如图 4-1-15b 所示。

想要绘制特定参数的螺旋线，可以单击工具箱中的"螺旋线工具"按钮，在需要绘制螺旋线的位置单击，在弹出的"螺旋线"对话框中进行相应的设置，如图 4-1-16 所示。单击"确定"按钮，即可得到精确尺寸的螺旋线。

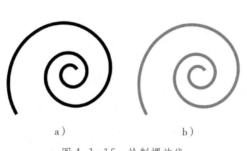

a） b）

图 4-1-15　绘制螺旋线

a）绘制螺旋线　b）更改描边颜色

图 4-1-16　"螺旋线"对话框

"螺旋线"对话框中各选项的功能如下。

半径：在该文本框中输入相应的数值，定义螺旋线的半径尺寸。

衰减：用来控制螺旋线之间相差的比例，百分比越小，螺旋线之间的差距就越小。

段数：用于定义螺旋线对象的段数，数值越大螺旋线越长，数值越小螺旋线越短。

样式：可以选择顺时针或逆时针定义螺旋线的方向。

小贴士

绘制螺旋线的小技巧：按住鼠标左键拖动同时按住"Space"键，螺旋线可随鼠标的拖动而移动位置。按住鼠标左键拖动同时按住"Shift"键，可锁定螺旋线的角度为 45° 的倍值。按住"Ctrl"键可改变涡形的衰减比例。按住鼠标左键拖动同时按上、下方向键，可增加或减少涡形路径片段的数量。

任务实施

1. 新建 Illustrator 文档

执行"文件"→"新建"命令，在"新建文档"对话框中的"预设详细信息"选项中输入"静物插画"，设置文档宽度为 180 mm、高度为 219 mm，方向为"纵向"，颜色模式为"CMYK 颜色"模式，光栅效果为"高（300 ppi）"，然后单击"创建"按钮。

2. 绘制背景墙

（1）使用矩形工具绘制与页面相同大小的矩形，填充为米白色（C7，M10，Y15，K0）。在页面下方继续绘制宽度为 65 mm、高度为 245 mm 的矩形，填充为灰棕色（C40，M45，Y52，K0），如图 4-1-17 所示。

（2）选中米白色背景，按住"Alt"键不放，使用美工刀工具分割背景，填充为浅灰色（C24，M27，Y36，K0）。选中全部绘制好的背景，单击鼠标右键，执行"编组"命令，如图 4-1-18 所示。

图 4-1-17 绘制地面

图 4-1-18 绘制背景墙

3. 绘制桌面物品

（1）使用矩形工具绘制宽度为 200 mm、高度为 78 mm 的矩形，填充为淡绿色（C42，M11，Y35，K0），如图 4-1-19a 所示。使用钢笔工具添加锚点，使用锚点工具将矩形调整至曲线图形，效果如图 4-1-19b 所示。

操作演示

图 4-1-19　绘制桌布轮廓
a）绘制矩形　b）完成效果

（2）使用画笔工具绘制桌布纹理，线条填充为白色，描边粗细为 3 pt，不透明度为 50%。在控制栏变量宽度配置文件中选择"宽度配置文件 1"，如图 4-1-20a 所示。选中全部绘制好的线条，单击鼠标右键，执行"编组"命令。原位复制一层桌布并将其调至最上方，选中复制的桌布与线条，单击鼠标右键，执行"建立剪切蒙版"命令，效果如图 4-1-20b 所示。

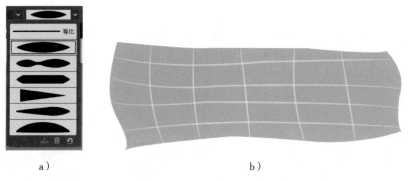

图 4-1-20　绘制桌布纹理
a）变量宽度配置文件　b）完成效果

（3）使用倾斜工具将绘制好的桌布倾斜 -50°，轴角度为 170°，如图 4-1-21a 所示。使用选择工具向左旋转一点，并进行适量缩放，效果如图 4-1-21b 所示。

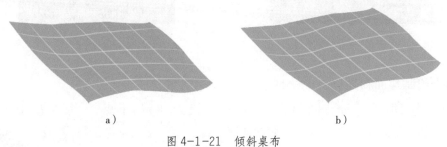

图 4-1-21　倾斜桌布
a）倾斜桌布　b）完成效果

（4）选中桌布图形，执行"窗口"→"色板"命令，打开"色板"面板，单击

"色板"面板底部的"色板库"菜单按钮，继续执行"图案"→"装饰"→"装饰旧版"命令，选中"光滑波形颜色"填充图案，"装饰旧版"面板如图 4-1-22a 所示，效果如图 4-1-22b 所示。

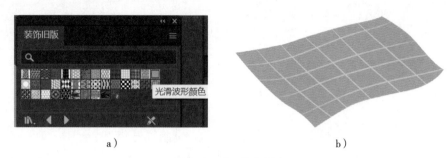

图 4-1-22　填充图案
a）"装饰旧版"面板　b）完成效果

4. 绘制咖啡杯

（1）使用椭圆工具绘制一个尺寸为 39 mm×100 mm 的椭圆形盘底形状，填充为灰白色（C5，M4，Y4，K0）。原位复制椭圆形，调整椭圆形尺寸，填充为灰色（C18，M14，Y13，K0），如图 4-1-23 所示。

（2）使用椭圆工具绘制杯口，分别绘制尺寸为 30 mm×8.5 mm 和 29 mm×7.5 mm 的椭圆形，从大到小填充为白色与灰色（C18，M14，Y13，K0），两个椭圆形中心对齐，如图 4-1-24 所示。

图 4-1-23　绘制盘子

图 4-1-24　绘制杯口

（3）使用椭圆工具绘制一个尺寸为 30 mm×33 mm 的椭圆形，填充为灰色（C18，M14，Y13，K0）。使用直接选择工具将椭圆形上方锚点删除，使其成为半圆形，如图 4-1-25a 所示。使用矩形工具绘制宽度为 30 mm、高度为 4 mm 的矩形，填充为灰色（C18，M14，Y13，K0）。选中半圆形和矩形，执行"窗口"→"路径查找器"→"联集"命令，效果如图 4-1-25b 所示。

（4）选中杯口以及杯身，执行"窗口"→"对齐"→"水平居中对齐"命令。选中杯口，执行"排列"→"置于顶层"命令，如图 4-1-26 所示。

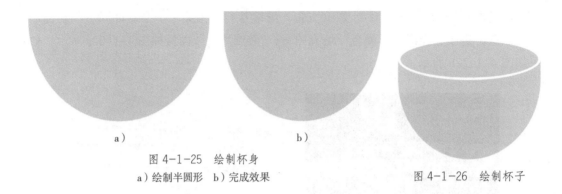

图 4-1-25　绘制杯身

a）绘制半圆形　b）完成效果

图 4-1-26　绘制杯子

（5）使用直接选择工具选中杯身，将杯身向上复制三层，调整大小，填充为白色，如图 4-1-27a 所示。不透明度从左到右依次调整为 100%、50%、60%，选中杯口，执行"排列"→"置于顶层"命令，效果如图 4-1-27b 所示。

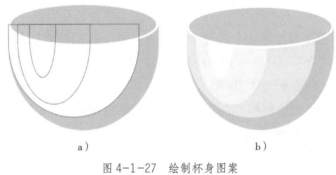

图 4-1-27　绘制杯身图案

a）绘制杯身图案　b）完成效果

（6）使用钢笔工具绘制把手，分别填充为白色和灰色（C18，M14，Y13，K0），使用椭圆工具在杯子下方绘制尺寸为 18 mm×4 mm 和 16 mm×3 mm 的椭圆形，分别填充为灰色（C33，M25，Y24，K0）与深灰色（C46，M37，Y35，K0），如图 4-1-28 所示。

（7）打开素材"拉花 .ai"文件，将拉花图形放置到杯口合适位置。将绘制好的盘子与杯子进行组合，如图 4-1-29 所示。

5. 绘制甜点

（1）使用椭圆工具绘制尺寸为 60 mm×26 mm 和 45 mm×19 mm 的椭圆形，依次填充为蓝白色（C30，M4，Y9，K0）与蓝色（C54，M17，Y22，K0），将两个椭圆形中心对齐。复制外部椭圆形，向下移动，执行"排列"→"置于底层"命令，填充为蓝绿色（C50，M5，Y23，K0），如图 4-1-30 所示。

图 4-1-28 绘制把手和阴影

图 4-1-29 组合图形

图 4-1-30 绘制甜点盘子

（2）使用钢笔工具绘制甜点轮廓图形，如图 4-1-31a 所示。由上到下分别填充为粉色（C10，M57，Y48，K0）、橙色（C12，M26，Y67，K0）、白色和深绿色（C63，M35，Y100，K0），效果如图 4-1-31b 所示。

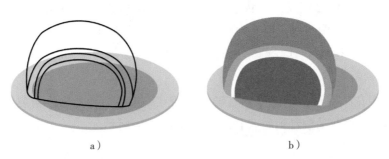

a）

b）

图 4-1-31 绘制甜点
a）绘制甜点轮廓图形 b）完成效果

（3）使用钢笔工具绘制线条，如图 4-1-32a 所示。选中线条与甜点图形，执行"窗口"→"路径查找器"→"分割"命令，由上到下分别填充为深粉色（C20，M70，Y62，K0）、青绿色（C53，M18，Y100，K0）和橄榄绿色（C47，M13，Y95，K0），效果如图 4-1-32b 所示。

（4）使用钢笔工具与椭圆工具绘制高光，分别填充为浅粉色（C8，M48，Y35，K0）和浅绿色（C35，M7，Y76，K0），如图 4-1-33 所示。

（5）使用螺旋线工具绘制甜点层次，描边颜色为白色，描边粗细为 3 pt，如图 4-1-34 所示。

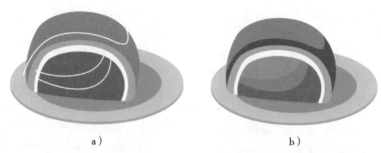

a）   b）

图 4-1-32　绘制甜点细节

a）绘制甜点细节　b）完成效果

图 4-1-33　绘制甜点高光　　　　　　　图 4-1-34　绘制甜点层次

（6）使用椭圆工具绘制四个尺寸为 2 mm×2 mm 的圆形，填充为米白色（C6，M11，Y18，K0），组合成花朵形状，如图 4-1-35a 所示。使用椭圆工具绘制一个尺寸为 0.7 mm×1 mm 的椭圆形，填充为橙色（C13，M31，Y74，K0），作为花蕊。使用钢笔工具绘制花蕊的细节，在控制栏变量宽度配置文件中选择"宽度配置文件 4"，描边粗细为 0.5 pt，效果如图 4-1-35b 所示。

（7）选中花朵图形，单击鼠标右键，执行"编组"命令。随后再复制两朵花朵，调整花朵角度并将花朵放置到甜点上方，如图 4-1-36 所示。

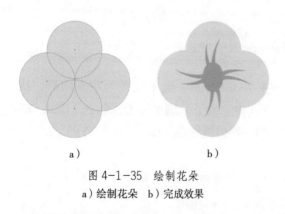　　

a）   b）

图 4-1-35　绘制花朵

a）绘制花朵　b）完成效果　　　　　　　图 4-1-36　复制花朵

（8）执行"窗口"→"符号"命令，单击"符号"面板底部的"符号库"菜单按钮，在弹出的菜单中执行"花朵"命令，选择"马蹄莲"图形，如图 4-1-37a 所示。

将马蹄莲图形放置到盘子上，调整大小和方向，效果如图 4-1-37b 所示。

a) b)

图 4-1-37 插入马蹄莲图形
a）"符号"面板 b）完成效果

（9）复制马蹄莲图形，执行"对象"→"扩展"命令，单击鼠标右键执行"取消编组"命令，填充为紫色（C39，M34，Y18，K0），如图 4-1-38a 所示。选中马蹄莲图形，执行"排列"→"置于顶层"命令，将马蹄莲投影放置到马蹄莲下方。使用椭圆工具为盘子添加阴影。选中所有阴影图形，执行"窗口"→"透明度"→"正片叠底"命令，效果如图 4-1-38b 所示。

a) b)

图 4-1-38 绘制阴影
a）复制马蹄莲图形 b）完成效果

 小贴士

扩展是指把复杂物体拆分成最基本的路径。想要修改对象的外观属性及其中特定因素的其他属性时，就需要扩展对象。选择对象，执行"对象"→"扩展"命令，可将其扩展为普通图形。

6. 组合画面

（1）打开素材"花瓶.ai"文件，将花瓶与绘制的甜点、咖啡杯等图形放置到背景中，调整位置和大小，如图 4-1-39a 所示。使用钢笔工具为桌布添加阴影，阴影填充为橙色（C32，M57，Y100，K0），执行"窗口"→"透明度"→"正片叠底"命令，设置不透明度为 70%，如图 4-1-39b 所示。

a）   b）

图 4-1-39   组合画面
a）组合图形   b）添加阴影

（2）绘制与背景相同大小的矩形，选中所有图层，单击鼠标右键，执行"建立剪切蒙版"命令，效果如图 4-1-40 所示。

图 4-1-40   静物插画最终效果

7. 保存与导出文件

（1）执行"文件"→"存储为"命令，保存文件。

（2）执行"文件"→"导出"→"导出为"命令，导出文件，导出的效果图如图 4-1-1 所示。

任务 2　制作人物插画

1. 掌握魔棒工具的使用方法。
2. 掌握套索工具的使用方法。
3. 掌握置入位图图像的方法。
4. 能利用魔棒工具、套索工具、置入位图等制作人物插画。

　　本任务是一个插画制作实例，通过制作图 4-2-1 所示人物插画效果图，学习魔棒工具、套索工具的使用方法，以及置入位图图像的方法。要完成本任务，还需要熟练使用钢笔工具绘制特殊形状，使用镜像工具复制物体，使人物形象更自然、真实。

图 4-2-1　人物插画效果图

一、编组选择工具

　　按住工具箱中的"直接选择工具"按钮，可从弹出的工具组中选择编组选择工具。编组选择工具可以在不解除编组的情况下，选择组下的一个子对象或一些子对象，可配合直接选择工具、选择工具对组内的对象进行编辑。

二、魔棒工具

魔棒工具 用于选择相同或相似的对象。双击工具箱中的"魔棒工具"，弹出"魔棒"面板，如图 4-2-2 所示。从中选择填充颜色、描边颜色、描边粗细、不透明度、混合模式及容差值，在页面中绘制多个对象，使用魔棒工具单击某个对象，可同时选择颜色相同或相似的对象，如图 4-2-3 所示。

图 4-2-2 "魔棒"面板

图 4-2-3 选择颜色相同或相似的对象

三、套索工具

套索工具 用于选择不规则对象的锚点。单击工具箱中的"套索工具"，在页面中拖动鼠标，将选中套索工具框选区域内的锚点，如图 4-2-4 所示。

图 4-2-4 使用套索工具选择对象

四、置入位图图像

执行"文件"→"置入"命令，在打开的"置入"对话框中选择要置入的位图图像，单击"置入"按钮。此时会回到绘图界面中，鼠标指针会显示所置入对象的缩略图。在画面中按住鼠标左键拖动，这样能够控制置入素材的大小。拖到合适大小后松开鼠标左键完成置入操作。

位图图像置入 Illustrator 后，以链接的形式存在当前文档中，如图 4-2-5 所示。当链接的源文件被修改或编辑时，置入的链接文件也会自动修改并更新，最终形成的文件不会太大。此时，置入位图图像后的控制栏如图 4-2-6 所示。

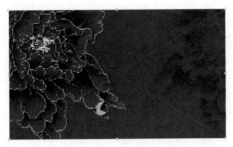

图 4-2-5 置入位图图像

链接的文件 　未标题-1.png CMYK PPI: 144 　嵌入 　在 Photoshop 中编辑 　图像描摹 ∨ 　蒙版 　裁剪图像 　不透明度: 100%

图 4-2-6 置入位图图像后的控制栏

在控制栏中单击"嵌入"按钮，位图图像就会以嵌入的形式存在文档中，嵌入的素材图片上将不再显示交叉的线条，如图 4-2-7 所示。此时，嵌入位图图像后的控制栏如图 4-2-8 所示。

嵌入的图像已经在 Illustrator 里保存了独立的图像信息，当链接的文件被编辑或修改时，置入的文件将不会自动更新，最终会形成一个较大的文件。

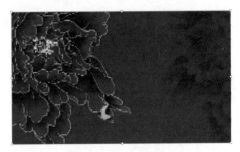

图 4-2-7 嵌入位图图像

图像 　未标题-1.png CMYK PPI: 144 　取消嵌入 　　　　　　图像描摹 ∨ 　蒙版 　裁剪图像 　不透明度: 100%

图 4-2-8 嵌入位图图像后的控制栏

 小贴士

将图片素材置入文档，如果在"置入"对话框中取消勾选"链接"复选框，图片素材会直接嵌入文档。

 **任务实施**

1. 新建 Illustrator 文档

执行"文件"→"新建"命令，在"新建文档"对话框中的"预设详细信息"选项中输入"人物插画"，设置文档宽度为 297 mm、高度为 210 mm，方向为"横向"，颜色模式为"CMYK 颜色"模式，光栅效果为"高（300 ppi）"，然后单击"创建"按钮。

2. 绘制背景

（1）使用矩形工具绘制与页面相同大小的矩形，填充为米白色（C7，M10，Y15，K0）。在页面下方继续绘制宽度为 58 mm、高度为 297 mm 的矩形，填充为灰棕色（C40，M45，Y52，K0），如图 4-2-9 所示。

（2）使用钢笔工具绘制墙面纹理，填充为黄棕色（C26，M29，Y35，K0）。选中全部绘制好的图形，单击鼠标右键，执行"编组"命令，如图 4-2-10 所示。

图 4-2-9　绘制墙面和地面　　　　　　图 4-2-10　绘制墙面纹理

3. 绘制面部

（1）使用钢笔工具绘制头部，填充为肤色（C0，M23，Y24，K0）。继续使用钢笔工具绘制眼睛、眉毛、鼻子、嘴巴及耳朵阴影，眼睛和眉毛填充为棕色（C68，M79，Y79，K50），鼻子和嘴巴填充为橘色（C13，M46，Y50，K50），耳朵阴影填充为深肤色（C10，M35，Y34，K0），如图 4-2-11 所示。

操作演示

（2）使用钢笔工具绘制头发，填充为红棕色（C59，M76，Y89，K36），如图 4-2-12a 所示。随后使用钢笔工具为头发添加高光，填充为浅棕色（C56，M71，Y78，K18），如图 4-2-12b 所示。

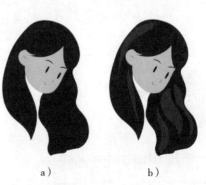

图 4-2-11　绘制人物头部

a)　　　　　　　b)

图 4-2-12　绘制人物头发

a）绘制头发　b）添加头发高光

（3）使用钢笔工具绘制脖子和阴影，分别填充为肤色（C0，M23，Y24，K0）和深肤色（C10，M35，Y34，K0），如图4-2-13所示。

4. 绘制身体

（1）使用钢笔工具绘制衣服，上衣填充为米白色（C2，M7，Y18，K0），短裤填充为淡绿色（C42，M11，Y35，K0），如图4-2-14a所示。继续为衣服添加褶皱和阴影，上衣阴影填充为米棕色（C19，M25，Y39，K0），短裤阴影填充为深绿色（C57，M25，Y50，K0），如图4-2-14b所示。

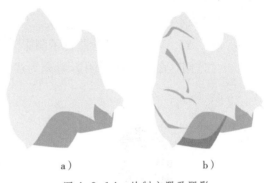

a)　　　　　　　　b)

图 4-2-14　绘制衣服及阴影

a）绘制衣服　b）添加褶皱和阴影

图 4-2-13　绘制脖子和阴影

（2）使用魔棒工具选中阴影色，单击鼠标右键，执行"编组"命令。使用钢笔工具按照阴影边缘绘制边缘线，填充为褐色（C65，M65，Y82，K27），描边粗细为1 pt，如图4-2-15所示。

（3）使用钢笔工具绘制袖口以及袖口阴影，分别填充为米白色（C2，M7，Y18，K0）和米棕色（C19，M25，Y39，K0），如图4-2-16所示。

图 4-2-15　绘制衣服阴影边缘线

图 4-2-16　绘制袖口及阴影

（4）使用钢笔工具绘制手部形状，填充为肤色（C0，M23，Y24，K0）。继续使用钢笔工具绘制手指阴影，填充为米棕色（C19，M25，Y39，K0），描边粗细为1 pt，变量宽度配置文件设置为"宽度配置文件1"。随后绘制袖口阴影，填充为米棕色（C19，M25，Y39，K0），不透明度设置为40%，如图4-2-17所示。

（5）使用钢笔工具绘制腿部形状，填充为肤色（C0，M23，Y24，K0）。继续绘制腿部阴影线条，同时选中腿部及阴影，执行"路径查找器"→"分割"命令，腿部阴影填充为深肤色（C5，M29，Y27，K0），如图4-2-18所示。

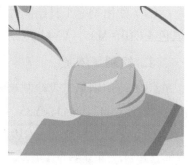

图4-2-17　绘制手部及袖口阴影

（6）使用钢笔工具绘制袜子形状，填充为米白色（C1，M4，Y5，K0）。继续绘制袜子阴影线条，同时选中袜子及阴影，执行"路径查找器"→"分割"命令，袜子阴影填充为浅灰色（C8，M12，Y16，K0），如图4-2-19所示。

图4-2-18　绘制腿部及阴影　　　　　　　图4-2-19　绘制袜子及阴影

5. 绘制抱枕

（1）使用钢笔工具绘制抱枕，填充为橙色（C11，M25，Y65，K0）和橘色（C14，M44，Y75，K0），如图4-2-20a所示。使用旋转工具调整角度为10°，如图4-2-20b所示。

a）　　　　　　　　　　　　　　　　b）

图4-2-20　绘制抱枕
a）绘制抱枕　b）调整角度

（2）执行"文件"→"置入"命令，将素材"猫咪.png"图像置入当前文档中，放置在抱枕上方。使用比例缩放工具调整猫咪大小，如图4-2-21a所示。使用钢笔工具为猫咪添加阴影，填充为橘色（C14，M44，Y75，K0），如图4-2-21b所示。

a）　　　　　　　　　　　　　　　　　b）

图 4-2-21　置入猫咪素材

a）置入猫咪素材　b）添加阴影

（3）使用套索工具选中抱枕和猫咪，单击鼠标右键，执行"编组"命令，放置到合适的位置，如图4-2-22a所示。使用选择工具选中"手""袖口"以及"袖口阴影"，单击鼠标右键，执行"排列"→"置于顶层"命令，效果如图4-2-22b所示。

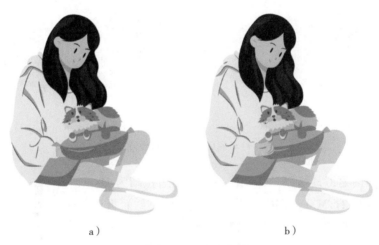

a）　　　　　　　　　　　　　　　　　b）

图 4-2-22　组合人物

a）组合人物　b）完成效果

（4）使用钢笔工具为人物添加阴影，填充为橘红色（C8，M46，Y54，K0）。执行"窗口"→"透明度"→"正片叠底"命令，设置不透明度为70%，如图4-2-23所示。

图 4-2-23　添加人物阴影

6. 绘制桌子

（1）使用椭圆工具绘制一个尺寸为 120 mm×40 mm 的椭圆形，填充为橙色（C11，M25，Y65，K0）。向下复制一层，填充为橘色（C14，M44，Y75，K0），如图 4-2-24a 所示。沿桌面边缘画两条线，填充为褐色（C20，M45，Y81，K0），描边粗细为 5 pt，变量宽度配置文件设置为"宽度配置文件 1"，效果如图 4-2-24b 所示。

a）　　　　　　　　　　　　　　　　　b）

图 4-2-24　绘制桌面
a）绘制桌面　b）完成效果

（2）使用钢笔工具绘制一条线段，设置描边粗细为 10 pt，填充为棕色（C52，M71，Y100，K17）。在"描边"面板中将端点改为"圆头端点"，如图 4-2-25a 所示。使用倾斜工具调整线段角度，并复制一条线段，调整大小，效果如图 4-2-25b 所示。

（3）选中绘制好的桌腿，使用镜像工具镜像复制另外两条桌腿，如图 4-2-26 所示。

（4）将绘制好的桌面与桌腿组合，使用椭圆工具为桌腿添加阴影，填充为深橙色（C38，M61，Y91，K1），如图 4-2-27 所示。

（5）使用椭圆工具绘制一个尺寸为 120 mm×30 mm 的椭圆形，填充为橘红色

a）　　　　b）

图 4-2-25　绘制桌腿
a）绘制桌腿　b）完成效果

（C8，M46，Y54，K0），单击鼠标右键，执行"排列"→"置于底层"命令。接着执行"窗口"→"透明度"→"正片叠底"命令，设置不透明度为70%，如图4-2-28所示。

图 4-2-26　镜像复制桌腿

图 4-2-27　组合桌面和桌腿

图 4-2-28　绘制桌子阴影

7. 组合画面

打开任务1绘制好的"静物插画.ai"文件，将静物放置到桌面的合适位置，效果如图4-2-29所示。

图 4-2-29　人物插画最终效果

8. 保存与导出文件

（1）执行"文件"→"存储为"命令，保存文件。

（2）执行"文件"→"导出"→"导出为"命令，导出文件，导出的效果图如图4-2-1所示。

任务 3　制作场景插画

1. 掌握光晕工具的使用方法。
2. 掌握操控变形工具的使用方法。
3. 掌握整形工具的使用方法。
4. 能利用光晕工具、操控变形工具、整形工具等制作场景插画。

本任务是一个插画制作实例，主要利用光晕工具、操控变形工具以及整形工具等制作场景插画，效果如图 4-3-1 所示。要完成本任务，还需要熟练掌握钢笔工具以及旋转工具的使用方法和技巧，注意观察生活，使设计的插画更具生活气息。

图 4-3-1　场景插画效果图

一、光晕工具

光晕工具用于创建光晕图形。光晕是来自一个光源的高亮度显示或反射，可以对任何背景与图形进行设置。按住工具箱中的"矩形工具"按钮，从弹出的工具组中选择光晕工具，如图 4-3-2 所示。

选择该工具后在页面中单击，将弹出"光晕工具选项"对话框，在对话框中可通过设置不同的参数以绘制不同效果的光晕。"光晕工具选项"对话框如图 4-3-3 所示。

对话框中各选项的功能如下。

居中：用于设置直径、不透明度和光晕中心的亮度。

光晕：用于设置光晕向外增大淡化和模糊度的百分比，低模糊度可以得到清晰的光晕。

图 4-3-2　选择光晕工具

图 4-3-3　"光晕工具选项"对话框

射线：用于设置射线的数量、最长的射线长度和射线的模糊度。当数量为 0 时，射线不存在。

环形：用于设置光晕的中心和最远环的中心之间路径的距离，此外还可设置环的数量、最大环的大小和环的方向。

二、操控变形工具

按住工具箱中的"自由变换工具"按钮，从弹出的工具组中选择操控变形工具。利用操控变形功能，对黑点进行拖动可以扭转和扭曲图形的某些部分，使变换看起来更自然，如图 4-3-4 所示。

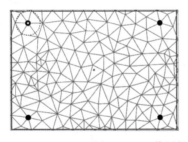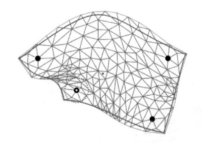

图 4-3-4　使用操控变形工具变形图形

三、整形工具

利用整形工具可以在矢量图形上通过单击的方式快速在路径上添加控制点。按住鼠标左键随意拖动，受影响的范围不仅仅为所选的控制点，周围大部分区域都会随之移动，从而产生较为自然的变形效果。

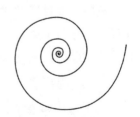

图 4-3-5　绘制开放路径

首先绘制一段开放路径，如图 4-3-5 所示。如果使用直接选择工具选中锚点后拖动鼠标，只会针对选中的锚点进行移动，产生的变形效果比较不规则，如图 4-3-6 所示。如果使用整形工具单击选中锚点，然后按住鼠标左键拖动，可以发现路径的变换更圆滑、柔和，如图 4-3-7 所示。

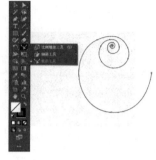

图 4-3-6　使用直接选择工具变形路径　　　　图 4-3-7　使用整形工具变形路径

按住"Shift"键单击路径上的锚点来加选锚点，如图 4-3-8 所示。接着按住鼠标左键拖动路径，如图 4-3-9 所示，松开鼠标后路径效果如图 4-3-10 所示。

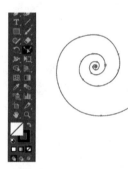

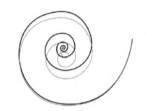

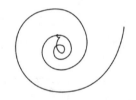

图 4-3-8　单击锚点进行加选　　图 4-3-9　按住鼠标左键拖动　　图 4-3-10　松开鼠标后路径
　　　　　　　　　　　　　　　　　　　　　　路径　　　　　　　　　　　效果

任务实施

1. 新建 Illustrator 文档

执行"文件"→"新建"命令，在"新建文档"对话框中的"预设详细信息"选项中输入"场景插画"，设置文档宽度为 210 mm、高度为 280 mm，方向为"纵向"，颜色模式为"CMYK 颜色"模式，光栅效果为"高（300 ppi）"，然后单击"创建"按钮。

2. 绘制背景

（1）使用矩形工具绘制宽度为 210 mm、高度为 280 mm 的矩形作为背景，填充为橘色（C10，M35，Y62，K0）到橘粉色（C15，M50，Y78，K0）的线性渐变，角度为

0°，如图 4-3-11 所示。

（2）原位向上复制背景，填充为米白色（C3，M13，Y33，K0）到米粉色（C4，M20，Y38，K0）的线性渐变。按住"Alt"键不放，使用美工刀工具将复制的图形分成左右两块墙面，左侧渐变角度调整为 98°，右侧渐变角度调整为 –35°，如图 4-3-12 所示。

（3）使用直接选择工具，调整上层背景的锚点，使画面形成墙面和地板的画面效果，如图 4-3-13 所示。

图 4-3-11　绘制背景　　　　图 4-3-12　分割背景　　　　图 4-3-13　调整画面

（4）使用钢笔工具绘制一条长度为 270 mm、描边粗细为 3 pt 的直线，填充为橘色（C16，M44，Y72，K0），选中直线向下复制九条。复制完成后选中所有直线，单击鼠标右键，执行"编组"命令。使用旋转工具旋转 –16°，如图 4-3-14 所示。

（5）将直线放置到地板合适位置。选中地板，并原位复制，执行"排列"→"置于顶层"命令，再执行"建立剪切蒙版"命令。选中墙面部分，执行"排列"→"置于顶层"命令，效果如图 4-3-15 所示。

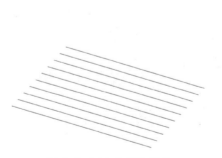 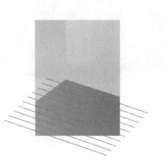 

图 4-3-14　绘制地板线　　　　　　图 4-3-15　绘制地板线效果

3. 绘制地毯

（1）使用椭圆工具分别绘制尺寸为 278 mm×
128 mm 和 250 mm×112 mm 的椭圆形，从内到外
依次填充为橘粉色（C10，M48，Y57，K0）和粉
色（C1，M20，Y26，K0），如图 4-3-16 所示。

图 4-3-16　绘制地毯

（2）使用椭圆工具绘制一个尺寸为 45 mm×
45 mm 的圆形，填充为米白色（C5，M9，Y17，
K0），复制并调整到合适位置。使用椭圆工具绘制一个尺寸为 52 mm×30 mm 的椭圆
形，填充为橙黄色（C7，M30，Y68，K0），如图 4-3-17a 所示。使用选择工具选中花
朵，并适当将花朵压扁，放置到合适位置，效果如图 4-3-17b 所示。

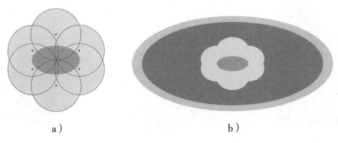

a）　　　　　　　　　　　　　　　　　b）

图 4-3-17　绘制地毯花纹

a）绘制花朵　b）完成效果

（3）使用选择工具选中最下面一层椭圆形，复制两个，分别填充为藕粉色（C7，
M30，Y34，K0）和深粉色（C33，M53，Y62，K0）。选中复制的两个图层，执行"排
列"→"置于顶层"命令，上面的椭圆形和下面的椭圆形错开，如图 4-3-18a 所示。
选中复制的两个图层，执行"路径查找器"→"减去顶层"命令，产生厚度阴影效果，
如图 4-3-18b 所示。

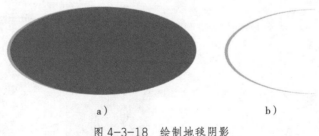

a）　　　　　　　　　　　　　　　　　b）

图 4-3-18　绘制地毯阴影

a）绘制地毯阴影　b）完成效果

（4）使用同样的操作方法绘制其他椭圆形和花朵的阴影部分，椭圆形阴影填充为

橙棕色（C22，M58，Y66，K0），无描边色。花朵阴影填充为米灰色（C9，M15，Y26，K0），无描边色，如图 4-3-19 所示。

（5）使用倾斜工具将绘制好的地毯倾斜 -345°，接着使用旋转工具旋转 -10°，放置到背景中，如图 4-3-20 所示。

图 4-3-19 绘制地毯细节阴影

4. 绘制窗户

（1）使用矩形工具分别绘制宽度为 55 mm、高度为 114 mm 和宽度为 48 mm、高度为 107 mm 的矩形，填充为棕色（C44，M65，Y77，K3）和淡蓝色（C15，M4，Y3，K0），如图 4-3-21a 所示。使用矩形工具绘制宽度为 50 mm、高度为 4 mm 和宽度为 4 mm、高度为 110 mm 的矩形，填充为棕色（C44，M65，Y77，K3）。绘制宽度为 1 mm、高度为 48 mm 的矩形，填充为浅棕色（C24，M48，Y51，K0）。选中竖向的矩形，单击鼠标右键，执行"排列"→"置于顶层"命令，效果如图 4-3-21b 所示。

（2）使用矩形工具绘制宽度为 55 mm、高度为 20 mm 的矩形，填充为灰绿色（C56，M34，Y62，K0），接着使用钢笔工具绘制褶皱图形部分，填充为墨绿色（C71，M47，Y86，K6），如图 4-3-22 所示。

操作演示

图 4-3-20 调整地毯角度

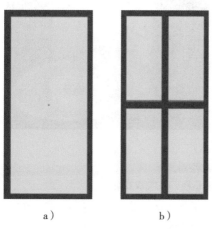

a）   b）

图 4-3-21 绘制窗户

a）绘制矩形 b）完成效果

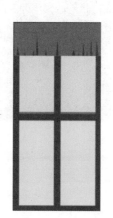

图 4-3-22 绘制窗帘

（3）使用自由变换工具为绘制好的窗户进行变换操作。使用钢笔工具绘制光束，如图 4-3-23a 所示。光束填充为米黄色（C0，M0，Y21，K0）到白色的线性渐变，白色不透明度设置为 0%，渐变角度为 -50°，效果如图 4-3-23b 所示。

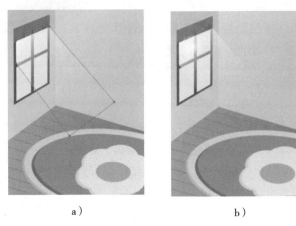

图 4-3-23　绘制光束

a）绘制光束　b）完成效果

（4）使用光晕工具为光束添加光晕，光晕直径设置为 106 pt，路径为 301 pt，方向为 181°，"光晕工具选项"对话框如图 4-3-24a 所示。调整光晕的大小至合适位置，效果如图 4-3-24b 所示。

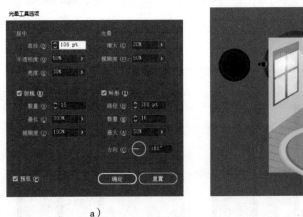

图 4-3-24　绘制光晕

a）"光晕工具选项"对话框　b）完成效果

5. 绘制柜子

（1）使用钢笔工具绘制柜子的立体图形，分别填充为米黄色（C4，M9，Y26，K0），红棕色（C36，M68，Y78，K0）和红色（C45，M96，Y100，K13），无描边色，如图 4-3-25 所示。

（2）使用选择工具选中右侧矩形复制并缩放，将复制的矩形取消填充色，设置描边颜色为红棕色（C39，M83，Y93，K4），描边粗细为 3 pt。接着使用钢笔工具绘制线条，填充为红棕色（C39，M83，Y93，K4），描边粗细为 3 pt。使用椭圆工具绘制一个尺寸为 10 mm×6 mm 的椭圆形，填充为红棕色（C39，M83，Y93，K4），无描边色。使用旋转工具旋转角度 30°，复制两个椭圆形，放置到合适位置，如图 4-3-26 所示。

图 4-3-25　绘制柜子　　　　　　图 4-3-26　绘制柜子细节

（3）使用矩形工具绘制一个宽度为 15 mm、高度为 12 mm 和宽度为 60 mm、高度为 12 mm 的矩形，分别填充为米棕色（C14，M22，Y38，K0）和米黄色（C10，M17，Y36，K0），无描边色，如图 4-3-27 所示。

图 4-3-27　绘制矩形

（4）使用椭圆工具绘制一个尺寸为 3 mm×3 mm 的圆形，放置在矩形下边缘。按住"Alt"键同时拖动鼠标向右侧平行复制圆形，随后单击"Ctrl+D"组合键，复制剩下的圆形。左边的五个圆形填充为米棕色（C14，M22，Y38，K0），其余的圆形填充为米黄色（C10，M17，Y36，K0），如图 4-3-28 所示。

图 4-3-28　绘制桌布

（5）使用自由变换工具调整桌布，如图 4-3-29a 所示。复制左右两面的桌布并向下移动，填充为红棕色（C57，M82，Y96，K39），为桌布添加阴影。选中桌布，执行"排列"→"置于顶层"命令。使用钢笔工具为柜子添加阴影，填充为棕色（C10，M17，Y36，K0），如图 4-3-29b 所示。

6. 绘制沙发

（1）使用钢笔工具绘制沙发，填充为橙色（C0，M51，Y76，K0），无描边色。沙发把手阴影部分填充为橘红色（C5，M69，Y91，K0），如图 4-3-30 所示。

（2）使用钢笔工具绘制沙发结构阴影，设置描边颜色为橘红色（C5，M69，Y91，K0），描边粗细为 3 pt，变量宽度配置文件为"宽度配置文件 1"，如图 4-3-31 所示。

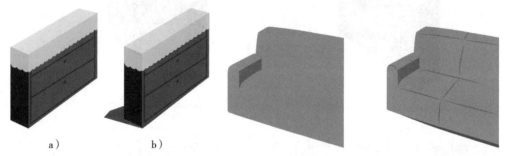

a）　　　　　　　　b）

图 4-3-29　调整桌布、绘制柜子阴影　　　图 4-3-30　绘制沙发　　图 4-3-31　绘制沙发结构阴影
　　a）调整桌布　b）添加阴影

（3）使用椭圆工具绘制一个尺寸为 18 mm×18 mm 的圆形，填充为米白色（C1，M4，Y5，K0），无描边色。选中圆形旋转复制五个，形成花朵形状。选中所有圆形，执行"路径查找器"→"联集"命令。使用椭圆工具绘制一个尺寸为 6 mm×7 mm 的椭圆形作为花芯，填充为橙色（C2，M24，Y57，K0），无描边色，如图 4-3-32 所示。

（4）选中抱枕原位复制两层，下面一层颜色填充为藕粉色（C11，M22，Y27，K0），上面一层颜色不变。选中复制的两个图层，执行"路径查找器"→"减去顶层"命令，绘制出厚度阴影部分，如图 4-3-33a 所示。将厚度阴影和抱枕进行组合，效果如图 4-3-33b 所示。

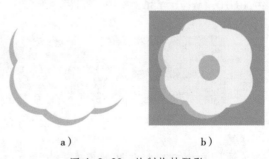

a）　　　　　　　　　　　　b）

图 4-3-32　绘制抱枕　　　　　　　图 4-3-33　绘制抱枕阴影
　　　　　　　　　　　　　　　a）绘制抱枕阴影　b）完成效果

（5）使用画笔工具绘制线条，描边颜色为藕粉色（C11，M22，Y27，K0），描边粗细为 1 pt，变量宽度配置文件为"宽度配置文件 1"，如图 4-3-34a 所示。选中抱枕细节，单击鼠标右键，执行"编组"命令。使用操控变形工具，调整抱枕的角度，效果如图 4-3-34b 所示。

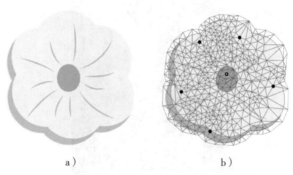

a）   b）

图 4-3-34 绘制抱枕细节、调整抱枕角度

a）绘制抱枕细节 b）调整抱枕角度

（6）复制抱枕底层图形并向右平移，填充为橘红色（C5，M69，Y91，K0），为抱枕添加阴影。使用钢笔工具绘制沙发阴影，填充为红棕色（C43，M67，Y74，K3），无描边色，如图 4-3-35 所示。

7. 导入素材

（1）执行"文件"→"置入"命令，将素材"背景 .png"文件的位图图像置入当前文档中，放置到合适位置以及调整图层顺序，如图 4-3-36 所示。

（2）打开任务 2 绘制好的"人物插画 .ai"文件，将人物插画放置到合适位置，如图 4-3-37 所示。

图 4-3-35 添加抱枕和沙发阴影　　图 4-3-36 导入背景素材　　图 4-3-37 导入人物插画素材

（3）执行"文件"→"置入"命令，将素材"叶子.png"文件的位图图像置入当前文档中，将素材放置到合适位置。使用矩形工具绘制一个和画板相同大小的矩形，选中所有图形，单击鼠标右键，执行"建立剪切蒙版"命令，效果如图4-3-38所示。

图 4-3-38　场景插画最终效果

8．保存与导出文件

（1）执行"文件"→"存储为"命令，保存文件。

（2）执行"文件"→"导出"→"导出为"命令，导出文件，导出的效果图如图 4-3-1 所示。

项目五
包装设计

　　包装设计是指选用合适的包装材料，运用巧妙的工艺手段，为商品进行的容器结构造型和包装的美化装饰设计。它是品牌理念、产品特性、消费心理的综合反映。

　　本项目通过制作苹果系列包装，介绍形状工具、封套扭曲、网格工具、图像描摹和矢量图转换位图的方法与技巧。通过学习和训练，用户能进一步熟练掌握钢笔工具的用法，提高包装设计制作的效率，从而快速、准确地设计出精美的包装设计作品。

任务 1　制作苹果汁瓶贴

任务目标

1. 掌握形状工具编辑对象的使用方法。
2. 掌握混合对象的使用方法。
3. 掌握橡皮擦工具的使用方法。
4. 能利用形状工具、混合对象等制作苹果汁瓶贴。

本任务是一个包装设计实例，通过制作图 5-1-1 所示的苹果汁瓶贴展开图及效果图，学习形状工具编辑对象的方法及混合对象的方法。要完成本任务，还需要具备基本的构图能力和技巧，能根据需要变形图形和文字。

图 5-1-1 苹果汁瓶贴展开图及效果图

一、形状工具

1. 变形工具

变形工具可伸展或拉动一个对象的某些区域，以形成液化扭曲的效果。使用该工具在对象内部按住鼠标左键向外拖动，可使对象发生膨胀推动变形；在对象外部向内拖动，则可使对象发生凹陷推动变形，变形效果如图 5-1-2 所示。

图 5-1-2 变形效果

双击"变形工具"按钮，可打开"变形工具选项"对话框，在其中可以设置画笔尺寸和变形选项等参数，如图 5-1-3 所示。

2. 宽度工具

宽度工具用于调整路径轮廓的局部宽度。使用该工具按住鼠标左键向外拖动路径局部线段，将以所拖动的点为最宽区域，为对象进行不同宽度大小的调整，如图 5-1-4 所示。

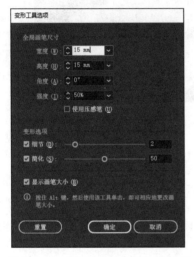

图 5-1-3　"变形工具选项"对话框

图 5-1-4　调整路径宽度

3. 旋转扭曲工具

旋转扭曲工具可以使图形对象产生漩涡状变形效果。选择矢量图形对象，然后在工具箱中单击"旋转扭曲工具"，将鼠标指针放到对象锚点上，按住鼠标左椎拖动，随即图形会发生变化，如图 5-1-5a 所示。在进行扭曲时，按住鼠标左键的时间越长，扭曲的程度越强。松开鼠标后即可得到扭曲效果，效果如图 5-1-5b 所示。

a）　　　　　　　　　　　　　　　　b）

图 5-1-5　旋转扭曲效果

a）旋转扭曲图形　b）完成效果

该工具还可以对嵌入的位图进行操作。置入位图，在工具箱中单击"旋转扭曲工具"，在位图上按住鼠标左键进行旋转扭曲然后松开鼠标，位图旋转扭曲效果如图 5-1-6 所示。

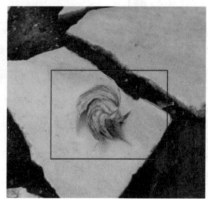

图 5-1-6　位图旋转扭曲效果

4. 缩拢工具

缩拢工具可以使对象产生向内收缩的变形效果。选择矢量图形对象，然后在工具箱中单击"缩拢工具"，在对象上按住鼠标左键并向外拖动，相应的图形就会发生收缩变化，如图 5-1-7a 所示。按住鼠标左键的时间越长，收缩的程度越强，缩拢效果如图 5-1-7b 所示。

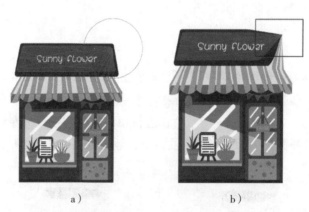

a）　　　　　　　　　　　　b）

图 5-1-7　缩拢效果
a）缩拢图形　b）完成效果

该工具还可以对嵌入的位图进行操作。置入位图，在工具箱中单击"缩拢工具"，在位图上按住鼠标左键进行缩拢然后松开鼠标，位图缩拢效果如图 5-1-8 所示。

5. 膨胀工具

膨胀工具可创建与缩拢工具相反的膨胀效果。选择矢量图形对象，然后在工具箱中单击"膨胀工具"，在对象上按住鼠标左键，相应的图形即会发生膨胀变形。按住鼠标左键的时间越长，膨胀变形的程度就越强。松开鼠标后得到的膨胀效果如图 5-1-9 所示。

　　该工具还可以对嵌入的位图进行操作。置入位图，接着在工具箱中单击"膨胀工具"，在位图上按住鼠标左键进行膨胀，松开鼠标完成膨胀变形操作，效果如图 5-1-10 所示。

图 5-1-8　位图缩拢效果

图 5-1-9　膨胀效果

图 5-1-10　位图膨胀效果

6. 扇贝工具

　　扇贝工具可以为对象的轮廓添加随机弯曲的细节，创建类似贝壳表面的纹路效果。选择矢量图形对象，然后在工具箱中单击"扇贝工具"，在对象上按住鼠标左键，所选图形的边缘处就会发生扇贝变形。按住鼠标左键的时间越长，变形效果越强，效果如

图 5-1-11 所示。

该工具还可以对嵌入的位图进行操作。置入位图，接着在工具箱中单击"扇贝工具"，在位图上按住鼠标左键进行扇贝变形，效果如图 5-1-12 所示。

图 5-1-11　扇贝效果

图 5-1-12　位图扇贝效果

7. 晶格化工具

晶格化工具可以为对象的轮廓添加随机锥化的细节，生成与扇贝工具相反的效果（扇贝工具产生向内的弯曲，而晶格化工具产生向外的尖锐凸起）。选择矢量图形对象，然后在工具箱中单击"晶格化工具"，在对象上按住鼠标左键，所选图形即会发生晶格化变化。按住鼠标左键的时间越长，变形效果越强。松开鼠标后得到的晶格化效果如图 5-1-13 所示。

图 5-1-13　晶格化效果

该工具还可以对嵌入的位图进行操作。置入位图，接着在工具箱中单击"晶格化工具"，在位图上按住鼠标左键或按住鼠标左键拖动，松开鼠标后得到的位图晶格化效果如图 5-1-14 所示。

图 5-1-14 位图晶格化效果

8. 皱褶工具

皱褶工具可以为对象的轮廓添加类似于皱褶的细节，产生不规则的起伏。选择矢量图形对象，然后在工具箱中单击"皱褶工具"，在对象上按住鼠标左键或按住鼠标左键拖动，相应的图形边缘即会发生皱褶变形。按住鼠标左键的时间越长，变形效果越明显，效果如图 5-1-15 所示。

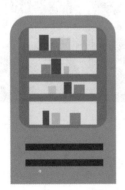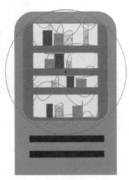

图 5-1-15 褶皱效果

该工具还可以对嵌入的位图进行操作。置入位图，接着在工具箱中单击"皱褶工具"，在位图上按住鼠标左键或按住鼠标左键拖动，位图皱褶效果如图 5-1-16 所示。

二、混合对象

混合就是在两个对象之间平均创建和分布形状。选择要混合的对象，执行"对象"→"混合"→"建立"命令即可混合对象。默认情况下，Illustrator 2021 会计算创建一个平滑颜色过渡所需的最适宜的步骤数。

若要控制步骤数或步骤之间的距离，用户可通过双击"混合工具"按钮  或执行"对象"→"混合"→"混合选项"命令，在打开的"混合选项"对话框中设置参数值。"混合选项"对话框如图 5-1-17 所示。

图 5-1-16　位图褶皱效果

图 5-1-17　"混合选项"对话框

"混合选项"对话框中各选项的功能如下。

间距：用于确定要添加到混合的步骤数，包括"平滑颜色""指定的步数"和"指定的距离"三个选项。"混合选项"对话框中的间距选项如图 5-1-18 所示。选择"平滑颜色"选项，系统将根据混合图形的颜色和形状来确定混合步数。选择"指定的步数"选项，并在其右侧的文本框中设置一个步数值，可以控制混合操作的步数。步数值越大，所取得的混合效果越平滑。选择"指定的距离"选项，并在其右侧的文本框中设置一个距离值，可

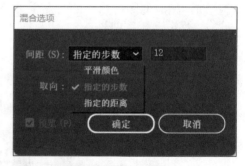

图 5-1-18　间距选项

以控制混合对象中相邻路径对象之间的距离，距离值越小，所取得的混合效果越平滑。

取向：用于确定混合对象的方向，包括"对齐页面"和"对齐路径"两个选项。"对齐页面"可以使混合对象的方向垂直于页面的 X 轴。"对齐路径"可以使混合对象的方向垂直于该处的路径。

三、橡皮擦工具

橡皮擦工具组主要用于擦除、切断、断开路径，包含三种工具，即"橡皮擦工具""剪刀工具"和"美工刀"。橡皮擦工具可以擦除图形的局部；剪刀工具可以将一条路径、图形框架或空文本框修剪为两条或多条路径；美工刀可以将一个对象以任意

的分割线划分为各个机构部分的表面，其分割的方式可以非常随意，以鼠标指针移动的位置进行切割。

1. 新建 Illustrator 文档

执行"文件"→"新建"命令，弹出"新建文档"对话框，在对话框的"预设详细信息"选项中输入"苹果汁瓶贴"，设置文档宽度为 220 mm、高度为 140 mm，方向为"横向"，颜色模式为"CMYK 颜色"模式，光栅效果为"高（300 ppi）"，然后单击"创建"按钮。

2. 绘制标题文字

（1）使用文字工具输入文字"苹果汁"，设置字体为"华康海报体 W12"，字体大小为 67 pt，填充为白色，如图 5-1-19 所示。

操作演示

（2）使用选择工具选中输入的文字，单击鼠标右键，从快捷菜单中单击"创建轮廓"。单击鼠标右键，执行"取消编组"命令，调整文字的角度和位置。使用橡皮擦工具擦除"果"字的上半部分，如图 5-1-20 所示。

图 5-1-19　输入文字

图 5-1-20　擦除文字

（3）使用椭圆工具绘制一个尺寸为 15 mm×15 mm 的圆形，设置描边粗细为 10 pt，替换擦除部分。接着使用钢笔工具绘制叶子图形放置在"果"字的右上角，如图 5-1-21a 所示。选中绘制好的叶子，执行"对象"→"路径"→"偏移路径"命令，位移为 1 mm。选中绘制好的圆形执行"对象"→"路径"→"轮廓化描边"命令。同时选中偏移 1 mm 后的叶子和圆形，执行"路径查找器"→"减去顶层"命令，删除多余图形部分，效果如图 5-1-21b 所示。

（4）使用钢笔工具在"果"字内部绘制曲线，设置描边粗细为 3 pt。选中所有的文字执行"对象"→"路径"→"轮廓化描边"命令，将所有文字转化为曲线后执行

"路径查找器"→"联集"命令，如图 5-1-22 所示。

图 5-1-21　字体变形

a）绘制圆形和叶子　b）完成效果

图 5-1-22　绘制曲线

（5）使用选择工具选中做好的文字，执行"对象"→"路径"→"偏移路径"命令，连接选择"圆角"，位移为 1 mm。接着执行"路径查找器"→"联集"命令，使用直接选择工具删除空隙部分。选中所有图形，单击鼠标右键执行"取消编组"命令，偏移轮廓填充为橙色（C1，M77，Y93，K0）到红色（C10，M87，Y100，K0）的线性渐变，角度设置为 -90°。选中偏移轮廓，单击鼠标右键执行"排列"→"置于底层"命令。选中偏移文字图形，向下复制一层，单击鼠标右键执行"排列"→"置于底层"命令，并调整到合适位置作为文字厚度。选中下面两层文字，执行"对象"→"混合"→"建立"命令，指定的距离为 0.036 mm，"混合选项"对话框设置如图 5-1-23a 所示，效果如图 5-1-23b 所示。选择厚度，执行"对象"→"扩展"命令，效果如图 5-1-24 所示。

图 5-1-23　混合路径效果

a）"混合选项"对话框设置　b）完成效果

图 5-1-24　厚度扩展效果

（6）选中混合路径，执行"取消编组"命令。使用选择工具选中最上面一层图形，使用"Ctrl+2"组合键将图形锁定。选中其他混合图形，执行"路径查找器"→"联集"命令，将厚度合并为一个图形，填充为橙色（C1，M77，Y93，K0）到红色（C10，M87，Y100，K0）的线性渐

图 5-1-25　填充厚度颜色

变，角度设置为 –180°，如图 5-1-25 所示。

（7）使用选择工具选中最下面一层图形，执行"对象"→"路径"→"偏移路径"命令，位移为 1.2 mm。接着执行"路径查找器"→"联集"命令，单击鼠标右键执行"排列"→"置于底层"命令，填充为浅粉色（C4，M23，Y15，K0）到粉色（C6，M60，Y48，K0）的线性渐变，角度设置为 –90°，如图 5-1-26 所示。

（8）使用选择工具选中最下面一层图形，向下复制一层厚度，单击鼠标右键执行"排列"→"置于底层"命令，填充为橙粉色（C0，M74，Y62，K0）到洋红色（C2，M90，Y86，K0）的线性渐变，角度设置为 0°，如图 5-1-27 所示。

图 5-1-26　添加粉色厚度边框

图 5-1-27　复制厚度层

3. 绘制创意苹果

（1）使用钢笔工具绘制苹果的外形及层次，执行"路径查找器"→"分割"命令，如图 5-1-28 所示。

（2）从上到下依次填充为浅粉色（C0，M85，Y50，K0）、粉红色（C0，M91，Y62，K0）、鲜红色（C6，M96，Y78，K0）、红色（C29，M100，Y93，K0）、深红色（C37，M100，Y100，K3），如图 5-1-29 所示。

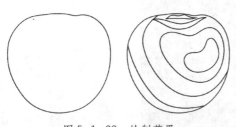

图 5-1-28　绘制苹果

图 5-1-29　填充苹果颜色

（3）使用椭圆工具绘制苹果高光，填充为浅粉色（C0，M70，Y44，K0），不透明度为 60%，如图 5-1-30a 所示。使用旋转扭曲工具调整椭圆形角度，"旋转扭曲选项"对话框如图 5-1-30b 所示，效果如图 5-1-30c 所示。

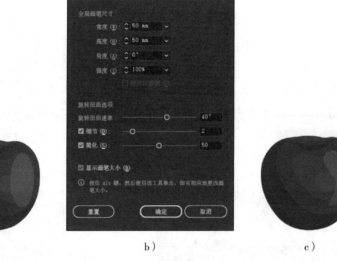

a)　　　　　　　　　　　　b)　　　　　　　　　　　　c)

图 5-1-30　绘制苹果高光

a）绘制苹果高光　b）"旋转扭曲工具选项"对话框　c）完成效果

（4）使用钢笔工具绘制吸管，填充为橘粉色（C0，M70，Y54，K0），端点选择
"圆头端点"，"描边"面板如图 5-1-31a 所示。执行"对象"→"扩展"命令，将两
端多余的锚点删除。使用晶格化工具为吸管添加褶皱形状，"晶格化工具选项"对话
框如图 5-1-31b 所示。使用直接选择工具将尖角拖拽成圆角，调整圆角角度，效果如
图 5-1-31c 所示。

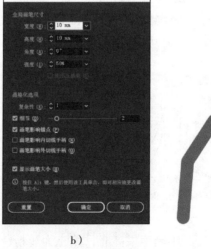

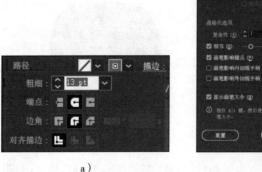

a)　　　　　　　　　　　　b)　　　　　　　　　　　　c)

图 5-1-31　绘制吸管

a）"描边"面板　b）"晶格化工具选项"对话框　c）完成效果

（5）使用钢笔工具绘制吸管褶皱高光，设置描边粗细为 7 pt，填充为粉色（C0，M53，Y34，K0）。使用宽度工具调整线条端点。使用钢笔工具绘制吸管白色线条装饰，设置描边粗细为 2 pt，不透明度为 30%。最后选中吸管、褶皱高光和白色线条装饰，单击鼠标右键执行"建立剪切蒙版"命令，如图 5-1-32 所示。

（6）将绘制好的苹果与吸管进行组合，旋转 30°，如图 5-1-33a 所示。接着使用钢笔工具绘制苹果蒂，填充为棕色（C49，M82，Y100，K20），复制苹果并与苹果蒂进行组合，如图 5-1-33b 所示。

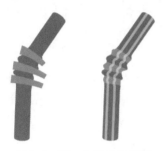

图 5-1-32　绘制吸管褶皱
高光、白色线条装饰

a）　　　　　　　b）

图 5-1-33　组合图形
a）苹果与吸管组合　b）苹果与苹果蒂组合

4. 导入素材

（1）导入素材"草地背景 .png""白云 .png""果汁 .png"文件，如图 5-1-34 所示。

（2）将绘制好的苹果放置在画面中，调整图层位置、大小，镜像复制左侧的苹果放置在右侧，如图 5-1-35 所示。

图 5-1-34　导入背景等素材

图 5-1-35　放置苹果

（3）导入素材"文案 .png""条形码 .png"和"二维码 .png"文件，如图 5-1-36 所示。

（4）将绘制好的标题文字放置在瓶贴中间位置，导入素材"正面文案 .png"文件，放置在合适的位置，如图 5-1-37 所示。

图 5-1-36　导入文案素材

图 5-1-37　添加标题文字

5. 绘制净含量图标

（1）使用椭圆工具绘制尺寸为 15 mm×15 mm 和 13 mm×13 mm 的圆形，分别填充为白色和橙色（C0，M36，Y60，K0）。双击"扇贝工具"，在弹出的"扇贝工具选项"对话框中进行参数设置，如图 5-1-38a 所示，效果如图 5-1-38b 所示。使用文字工具输入文字"净含量""350mL"，设置字体为"思源黑体"，字体大小分别为 6 pt 和 9 pt，均填充为白色。使用直线段工具绘制白色直线段，描边粗细为 1 pt，放置在合适的位置，效果如图 5-1-38c 所示。

a）

b）

c）

图 5-1-38　绘制净含量图标
a）"扇贝工具选项"对话框　b）扇贝效果　c）完成效果

（2）将绘制好的净含量图标放置在瓶贴处，使用矩形工具绘制一个宽度为 220 mm、高度为 140 mm 的矩形，放置在最顶层，选中所有图形，单击鼠标右键执行"建立剪切蒙版"命令，效果如图 5-1-39 所示。

6. 绘制效果图

（1）执行"文件"→"新建"命令，弹出"新建文档"对话框，在对话框的"预设详细信息"选项中输入"苹果汁瓶贴效果图"，设置文档宽度为 210 mm、高度为 297 mm，方向为"纵向"，颜色模式为"CMYK 颜色模式"，光栅效果为"高（300 ppi）"，然后单击"创建"按钮。

（2）导入素材"苹果汁效果图 .png"文件。使用钢笔工具把瓶贴部分绘制出来，填充为白色，如图 5-1-40 所示。

图 5-1-39　苹果汁瓶贴效果图　　　　　　图 5-1-40　绘制白色瓶贴轮廓

（3）复制苹果汁瓶贴，调整瓶贴大小，将绘制好的两个白色瓶贴轮廓旋转成垂直方向，分别放置到瓶贴上方，如图 5-1-41 所示。

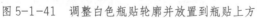

图 5-1-41　调整白色瓶贴轮廓并放置到瓶贴上方

（4）同时选中瓶贴和白色瓶贴轮廓，执行"建立剪切蒙版"命令，效果如图 5-1-42 所示。

（5）将剪切好的瓶贴调整角度，放置在瓶身上。选中两个瓶贴，分别执行"窗口"→"透明度"→"正片叠底"命令，效果如图 5-1-43 所示。

图 5-1-42　建立剪切蒙版效果

图 5-1-43　苹果汁瓶贴效果图

7. 保存文件

（1）执行"文件"→"存储为"命令，分别保存"苹果汁瓶贴展开图 .ai"与"苹果汁瓶贴效果图 .ai"源文件。

（2）执行"文件"→"导出"命令，分别导出"苹果汁瓶贴展开图 .jpg"与"苹果汁瓶贴效果图 .jpg"文件。

任务 2　制作苹果脆片袋装包装

任务目标

1. 掌握封套扭曲的方法。
2. 掌握图像描摹的方法。
3. 掌握极坐标工具的使用方法。
4. 能利用封套扭曲、转换位图等命令制作苹果脆片袋装包装。

任务描述

本任务是一个包装设计实例，通过制作图 5-2-1 所示的苹果脆片袋装包装效果图，学习封套扭曲、转换位图的方法以及包装袋制作与调整技巧、图形的绘制技巧等。要完成本任务，还需熟练使用钢笔工具进行图形绘制，能灵活运用"路径查找器"面板、剪切蒙版进行包装图效果设计。

图 5-2-1　苹果脆片袋装包装效果图

相关知识

一、封套扭曲

封套扭曲变形处理是通过应用"对象"菜单中的"封套扭曲"相关命令进行封套变形处理。选择对象后，执行"对象"→"封套扭曲"命令，在弹出的子菜单中选择"用变形建立""用网格建立"或"用顶层对象建立"命令，可使用不同的封套形式对对象进行扭曲变形处理。封套扭曲子菜单如图 5-2-2 所示。

1. 用变形建立

用变形建立，可以将选择的一个或多个对象，按照设置的样式进行变形。选择要变形的对象，执行"对象"→"封套扭曲"→"用变形建立"命令，在弹出的"变形选项"对话框中选择一种变形样式并设置选项参数，"变形选项"对话框如图 5-2-3 所示，效果如图 5-2-4 所示。

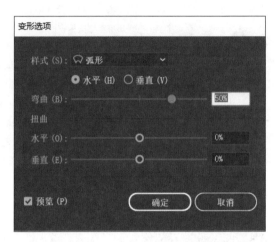

图 5-2-2　封套扭曲子菜单　　　　　　图 5-2-3　"变形选项"对话框

图 5-2-4　"用变形建立"封套扭曲对象效果

2. 用网格建立

选择要变形的对象，执行"对象"→"封套扭曲"→"用网格建立"命令，弹出"封套网格"对话框，如图 5-2-5 所示。在对话框中设置添加在对象上的网格行数和列数，如图 5-2-6 所示。使用直接选择工具对封套网格上的网点进行变形扭曲，效果如图 5-2-7 所示。

图 5-2-5　"封套网格"对话框　　图 5-2-6　建立封套网格　　图 5-2-7　"用网格建立"

封套扭曲对象效果

3. 用顶层对象建立

用顶层对象建立，可以将顶层对象插入指定的对象中。应用该命令变形对象，需要同时选择多个对象，然后根据上层对象的形状、大小和位置，变换底层的图形形状。

在页面中绘制两个对象，如图 5-2-8 所示。同时选中两个对象，执行"对象"→"封套扭曲"→"用顶层对象建立"命令，效果如图 5-2-9 所示。

图 5-2-8　绘制两个对象

图 5-2-9　"用顶层对象建立"封套扭曲对象效果

二、矢量图转换位图

矢量对象能够通过"栅格化"命令转换为位图。选择一个矢量对象，如图 5-2-10a 所示。执行"对象"→"栅格化"命令，在弹出的"栅格化"对话框中进行设置，单击"确定"按钮，如图 5-2-10b 所示，效果如图 5-2-10c 所示。

　　　　a）　　　　　　　　　　　　b）　　　　　　　　　　　　c）

图 5-2-10　矢量图转换位图
a）选择矢量对象　b）"栅格化"对话框　c）完成效果

"栅格化"对话框中各选项的功能如下。

颜色模型：用于确定在栅格化过程中所用的颜色模型，包括"RGB/CMYK""灰度"和"位图"三个选项。

分辨率：用于确定栅格化图像中的每英寸像素数（ppi）。在分辨率下拉列表框中可以选择"屏幕（72 ppi）""中（150 ppi）"和"高（300 ppi）"三个预设选项，也可以选择"使用文档栅格效果分辨率"，使用全局分辨率设置，还可以选择"其他"选项，自定义分辨率数值。

背景：用于确定矢量图形的透明区域如何转换为像素。选择"白色"单选按钮，可用白色像素填充透明区域，如图 5-2-11 所示。选择"透明"单选按钮，可使背景透明，如图 5-2-12 所示。

图 5-2-11　背景白色效果

图 5-2-12　背景透明效果

消除锯齿：应用消除锯齿效果可以改善栅格化图像的锯齿边缘外观。设置文档的栅格化选项时，若取消选择此选项，则保留细小线条和细小文本的尖锐边缘。栅格化矢量对象时，若选择"无"，则不会应用消除锯齿效果，而线稿图在栅格化时也将保留其尖锐边缘；选择"优化图稿（超像素取样）"，可应用最适合无文字图稿的消除锯齿效果；选择"优化文字（提示）"，可应用最适合文字的消除锯齿效果。

创建剪切蒙版：创建一个使栅格化图像的背景显示为透明的蒙版。如果在"背景"选项组中选择了"透明"单选按钮，则不需要再创建剪切蒙版。

添加环绕对象：可以通过指定像素值，为栅格化图像添加边缘填充或边框。

保留专色：勾选该复选框可以保留专色。

三、极坐标网格工具 ⊛

极坐标网格工具位于线条工具组中。按住工具箱中的"直线段工具"按钮 ◢，可从弹出的工具组中选择极坐标网格工具，如图 5-2-13 所示。

使用极坐标网格工具可以快速绘制出由多个同心圆和直线组成的极坐标网格，适合制作同心圆、射击靶等对象。使用极坐标网格工具制作的图形如图 5-2-14 所示。

单击工具箱中的"极坐标网格工具"按钮，在页面中按住鼠标左键拖动，松开鼠标即可得到极坐标网格，如图 5-2-15 所示。

图 5-2-13 选择极坐标网格工具

图 5-2-14 极坐标网格工具制作的图形

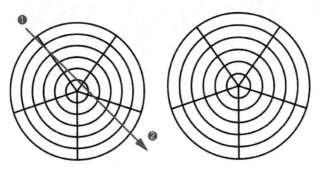

图 5-2-15 极坐标网格工具使用方法

　　想要绘制指定参数的极坐标网格，可以单击工具箱中的"极坐标网格工具"按钮，在想要绘制图形的位置单击，在弹出的"极坐标网格工具选项"对话框中进行相应的设置，单击"确定"按钮，即可得到精确尺寸的图形，如图 5-2-16 所示。

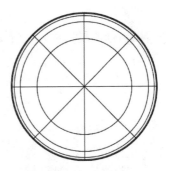

图 5-2-16 绘制指定参数极坐标网格

"极坐标网格工具选项"对话框中各选项的功能如下。

宽度：用于定义极坐标网格的宽度。

高度：用于定义极坐标网格的高度。

定位器：在定位器中单击不同的按钮，可以定义极坐标网格中起始角点的位置。

同心圆分隔线："数量"指出现在网格中的圆形同心圆分隔线数量；"倾斜"值决定同心圆分隔线倾向于网格内侧还是外侧。不同参数的极坐标网格对比效果如图5-2-17所示。

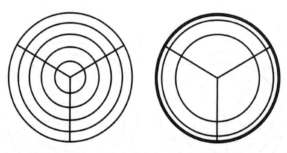

图 5-2-17　不同参数的极坐标网格对比效果

径向分隔线："数量"指在网格中心和外围之间出现的径向分隔线数量；"倾斜"值决定径向分隔线倾向于网格逆时针还是顺时针方向。不同参数的极坐标网格对比效果如图5-2-18所示。

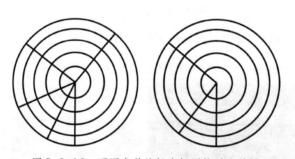

图 5-2-18　不同参数的极坐标网格对比效果

从椭圆形创建复合路径：将同心圆转换为独立复合路径并每间隔一个圆来填充颜色。

填色网格：当勾选该复选框时，将使用当前的填充颜色填充所绘制的极坐标网格。

 小贴士

拖动鼠标的同时按住"Shift"键，可以定义绘制的极坐标网格为圆形网格。

拖动鼠标的同时按"↑"或"↓"键，可以调整经线数量，按"←"或"→"键可以调整纬线数量。

任务实施

1. 新建 Illustrator 文档

执行"文件"→"新建"命令，弹出"新建文档"对话框，在对话框的"预设详细信息"选项中输入"苹果脆片袋装包装展开图"，设置文档宽度为 110 mm、高度为 150 mm，方向为"纵向"，颜色模式为"CMYK 颜色"模式，光栅效果为"高（300 ppi）"，然后单击"创建"按钮。

2. 绘制标题文字

（1）使用文字工具输入文字"苹果脆片"，设置字体为"华康海报体 W12"，字体大小为 67 pt，填充为白色，如图 5-2-19 所示。

（2）使用选择工具选中输入的文字，单击鼠标右键，执行"创建轮廓"命令。继续单击鼠标右键，执行"取消编组"命令，调整文字角度和位置。使用橡皮擦工具擦除"果"字的上半部分，如图 5-2-20 所示。

图 5-2-19　输入文字

图 5-2-20　擦除文字

（3）使用椭圆工具绘制一个尺寸为 15 mm×15 mm 的圆形，设置描边粗细为 10 pt。使用钢笔工具为圆形上方添加锚点，使用直接选择工具调整锚点，将圆形调整为心形，如图 5-2-21 所示。

（4）使用钢笔工具绘制叶子和苹果籽。将叶子放置在"果"字右上角，选中绘制好的叶子，执行"对象"→"路径"→"偏移路径"命令，位移为 1 mm。选中绘制好的苹果心形，执行"对象"→"路径"→"轮廓化描边"命令。同时选中偏移 1 mm 后的叶子和苹果心形，执行"路径查找器"→"减去顶层"命令，删除多余图形部分，如图 5-2-22 所示。

（5）使用直接选择工具将文字拖拽为圆角。复制做好的"苹果脆片"文字，执行"对象"→"路径"→"偏移路径"命令，位移为 1 mm。对偏移路径文字执行"路径查找器"→"联集"命令，删除字体中间的空隙，填充为橙色（C1，M77，Y93，K0）到红色（C10，M87，Y100，K0）的纵向线性渐变，如图 5-2-23 所示。

图 5-2-21　绘制圆形并调整为心形　　　　　图 5-2-22　绘制叶子和苹果籽

（6）将标题轮廓和标题文字进行组合。选中标题轮廓，执行"排列"→"置于底层"命令，接着将标题轮廓向下复制一层厚度，对下面两个图层执行"对象"→"混合"→"建立"命令，指定的距离为 0.036 mm。接着选中厚度，执行"对象"→"扩展"命令，如图 5-2-24 所示。

图 5-2-23　绘制标题轮廓

图 5-2-24　复制、混合、扩展标题轮廓

（7）执行"取消编组"命令，选中上面两层，按"Ctrl+2"组合键将图层锁定。选中其他混合图形，执行"路径查找器"→"联集"命令，将厚度合并为一个图形，填充为橙色（C1，M77，Y93，K0）到红色（C10，M87，Y100，K0）的横向线性渐变，如图 5-2-25 所示。

（8）使用选择工具选中最下面一层图形，执行"对象"→"路径"→"偏移路径"命令，位移为 1 mm，填充为浅粉色（C4，M23，Y15，K0）到粉色（C6，M60，Y48，K0）的纵向线性渐变，如图 5-2-26 所示。

图 5-2-25 添加第一层厚度

图 5-2-26 添加第二层厚度

（9）使用选择工具选中最下面一层图形，向下复制一层厚度，将厚度合并为一个图形，填充为橙粉色（C0，M74，Y62，K0）到洋红色（C2，M90，Y86，K0）的横向线性渐变。完成操作后，按"Ctrl+Alt+2"组合键将所有图形解除锁定，如图 5-2-27 所示。

图 5-2-27 添加第三层厚度

3. 绘制创意苹果干

（1）使用钢笔工具绘制苹果轮廓，执行"对象"→"路径"→"偏移路径"命令，"偏移路径"对话框如图 5-2-28a 所示，效果如图 5-2-28b 所示。

操作演示

a）

b）

图 5-2-28 绘制苹果

a）"偏移路径"对话框 b）完成效果

（2）绘制好的苹果轮廓填充为米黄色（C3，M6，Y22，K0）和红色（C6，M96，Y78，K0），如图 5-2-29a 所示。使用钢笔工具绘制苹果芯，颜色从内到外分别填充为棕色（C40，M65，Y90，K35）、白色（C0，M0，Y0，K0）和米黄色（C9，M9，Y36，K0），效果如图 5-2-29b 所示。

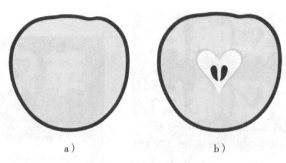

图 5-2-29　绘制苹果芯

a）为苹果轮廓填充颜色　b）完成效果

（3）使用钢笔工具绘制苹果蒂，填充为棕色（C42，M78，Y100，K7），如图 5-2-30 所示。继续使用钢笔工具绘制曲线，填充为红粉色（C0，M91，Y62，K0），如图 5-2-31 所示。

图 5-2-30　绘制苹果蒂　　　　　　　图 5-2-31　绘制曲线

（4）使用椭圆工具绘制三个尺寸为 2 mm×2 mm 的圆形，填充为米黄色（C3，M6，Y22，K0），如图 5-2-32a 所示。选中三个圆形执行"对象"→"混合"→"建立"命令，"混合选项"对话框如图 5-2-32b 所示，效果如图 5-2-32c 所示。

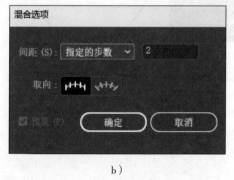

a）　　　　　　　　　　　b）　　　　　　　　　　　c）

图 5-2-32　绘制苹果片

a）绘制三个圆形　b）"混合选项"对话框　c）完成效果

（5）使用钢笔工具绘制降落伞绳，描边粗细分别设置为 1.5 pt、2 pt、1 pt，描边颜色填充为米黄色（C2，M24，Y49，K0）和橙棕色（C18，M61，Y82，K0），如图 5-2-33 所示。

（6）使用钢笔工具绘制降落伞框，填充为橙棕色（C18，M61，Y82，K0），如图 5-2-34 所示。

图 5-2-33　绘制降落伞绳

图 5-2-34　绘制降落伞框

4．导入素材

（1）导入素材"背景素材 .png"文件，放置到合适位置，如图 5-2-35 所示。

（2）调整苹果片旋转角度为 16°，复制一个苹果片并等比例缩小。将绘制好的标题文字、两个苹果片放置到合适位置，如图 5-2-36 所示。

图 5-2-35　导入背景素材

图 5-2-36　添加文字和图形

（3）导入素材"白云.png"文件，将白云和任务1绘制的苹果放置到合适位置，将苹果旋转45°。使用矩形工具绘制一个宽度为110 mm、高度为150 mm的矩形，执行"排列"→"置于顶层"命令。选中所有图形，执行"建立剪切蒙版"命令，如图5-2-37所示。

（4）导入素材"净含量文字.png"和"广告语.png"文件，如图5-2-38所示。

图 5-2-37　添加其他图形

图 5-2-38　导入文字素材

5．添加文案

（1）使用直线段工具绘制白色直线段，描边粗细为1 pt，再向下平行复制一条直线段。使用文字工具在中间输入文字"TAIHANGPINGGUO"，字体设置为"思源黑体"，字体大小为12 pt，在"字符"面板中设置字间距为860，如图5-2-39所示。

（2）使用文字工具输入文字"本品由约1 000 g新鲜太行山红苹果原切片脱水而成"，字体设置为"思源黑体"，字体大小为7 pt，在"字符"面板中设置字间距为210，填充为粉色（C0，M70，Y54，K0），如图5-2-40所示。

（3）将排好的文字放置到合适的位置，效果如图5-2-41所示。

6．绘制效果图

（1）执行"文件"→"新建"命令，弹出"新建文档"对话框，在对话框的"预设详细信息"选项中输入"苹果脆片袋装包装效果图"，设置文档宽度为210 mm、高度为297 mm，方向为"纵向"，然后单击"创建"按钮。导入素材"效果图.png"文件，如图5-2-42所示。

图 5-2-39　添加英文标题

图 5-2-40　添加说明文字

图 5-2-41　展开图最终效果

（2）复制绘制好的苹果脆片袋装包装展开图，执行"对象"→"栅格化"命令，将矢量图形转换为位图，如图 5-2-43 所示。

图 5-2-42　导入包装袋效果图素材

图 5-2-43　展开图转换为位图

（3）使用钢笔工具绘制包装袋轮廓，填充为白色，如图 5-2-44a 所示。将白色轮廓图层调整至最顶层，同时选中展开图和白色轮廓图，执行"对象"→"封套扭曲"→"用顶层对象建立"命令，效果如图 5-2-44b 所示。

a）   b）

图 5-2-44 建立封套扭曲

a）绘制包装袋轮廓   b）完成效果

（4）执行"窗口"→"透明度"→"正片叠底"命令，效果如图 5-2-45 所示。

图 5-2-45 苹果脆片袋装包装效果图

7. 保存文件

（1）执行"文件"→"存储为"命令，分别保存"苹果脆片袋装包装展开图 .ai"
与"苹果脆片袋装包装效果图 .ai"源文件。

（2）执行"文件"→"导出"命令，分别导出"苹果脆片袋装包装展开图 .jpg"与"苹果脆片袋装包装效果图 .jpg"文件。

任务 3　制作苹果礼盒包装

1. 掌握图像描摹的方法。
2. 掌握网格工具的使用方法。
3. 能利用图像描摹、轮廓化描边等命令制作苹果礼盒包装。

本任务是一个包装设计实例，通过制作图 5-3-1 所示的苹果礼盒包装效果图，学习图像描摹的用法，进一步熟练掌握钢笔工具的使用方法与技巧。要完成本任务，还需要熟练使用矩形工具、"路径查找器"面板、轮廓化描边、自由变换工具。

图 5-3-1　苹果礼盒包装效果图

一、图像描摹

利用图像描摹功能可以将位图转换为矢量图。图 5-3-2 为位图，转换为矢量图如图 5-3-3 所示，如果对效果不满意，还可以重新调整效果。转换后的矢量图要经过扩展操作才能进行路径的编辑操作，如图 5-3-4 所示。

图 5-3-2　位图

图 5-3-3　描摹后转换为矢量图

图 5-3-4　扩展后进行编辑

调整描摹效果：选择图形对象，在"图像临摹"面板中打开"预设"下拉列表框，从中选择一种合适的描摹效果，如图 5-3-5 所示。图 5-3-6 所示为十二种不同的图像描摹预设效果。

扩展描摹对象：经过描摹的图像显示为矢量图形的效果，但是如果要调整图形的具体形状，则需要先将图形进行扩展。保持描摹对象的选中状态，单击控制栏中的"扩展"按钮，如图 5-3-7 所示，或执行"对象"→"图像描摹"→"扩展"命令，即可扩展描摹对象。扩展后的对象为编组对象，选中该对象，单击鼠标右键，在弹出的

图 5-3-5　"图像描摹"面板

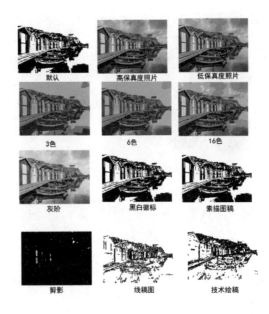

图 5-3-6　图像描摹预设效果

快捷菜单中执行"取消编组"命令，即可取消编组。接下来就可以对图形中各个部分的颜色进行更改，如图 5-3-8 所示。

图 5-3-7　扩展描摹对象

图 5-3-8　更改图形颜色

释放描摹对象：被描摹对象在未扩展之前，执行"释放"命令可以放弃描摹，使之恢复到位图状态。

二、网格工具 ▦

在绘制写实的物体时，颜色过渡较为复杂，无法使用前面学到的填充方式完成复杂的颜色填充效果，这时就需要用到网格工具，如图 5-3-9 所示。网格工具不仅可以进行复杂的颜色设置，还能够更改图形的外形，效果如图 5-3-10 所示。

图 5-3-9　写实矢量图

图 5-3-10　网格工具更改图形效果

　　网格工具是一种多点填色工具，是通过在对象上添加一系列的网格，来设置网格点上的颜色。网格点的颜色与周围的颜色会产生过渡和融合，从而产生出一系列丰富的颜色，并且随着网格点位置的移动，图形上的颜色也会产生移动。此外，还可以对图形边缘处的网格线进行移动，从而改变对象的形态。

　　在一个矢量图形上应用网格工具，该图形就会变为网格对象。网格对象的结构，如图 5-3-11 所示。

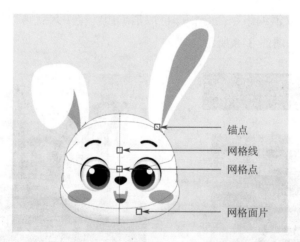

图 5-3-11　网格对象的结构

　　网格面片：任意四个网格点之间的区域被称为网格面片。

　　网格点：网格对象中，在两条网格线相交处有一种特殊的锚点，称为网格点。网格点以菱形显示，且具有锚点的所有属性，只是增加了接受颜色的功能。可以添加、删除和编辑网格点，或更改与每个网格点相关联的颜色。

　　锚点：网格中也同样会出现锚点（区别在于其形状为正方形而非菱形），这些锚点与 Illustrator 中的任何锚点一样，可以添加、删除、编辑和移动。锚点可以放在任何网格线上，可以单击一个锚点，然后拖动其方向控制手柄来修改该锚点。

网格线：创建网格点时出现的交叉穿过对象的线称为网格线。

网格工具的功能如下。

1. 使用网格工具改变对象颜色

为图形添加各种颜色时，首先选中图形，然后单击工具箱中的"网格工具"，将鼠标指针移动到图形中，当其变为█形状时，单击鼠标左键即可添加网格点，如图 5-3-12 所示。

图 5-3-12　添加网格点

添加网格点后，网格点处于选中的状态，可以通过"颜色"面板、"色板"面板或"拾色器"面板来填充颜色，如图 5-3-13a 所示。通过多次单击可以添加更多的网格点，并选中网格点为其填充颜色，如图 5-3-13b 所示。除了设置颜色，还可以在控制栏中设置网格点的不透明度，如图 5-3-13c 所示。如果页面中没有显示控制栏，可以执行"窗口"→"控制"命令将其显示。

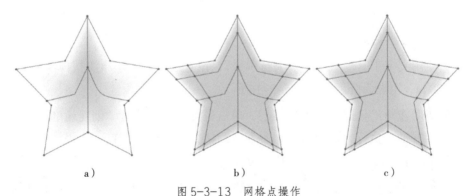

a）　　　　　　　　　b）　　　　　　　　　c）

图 5-3-13　网格点操作

a）网格点填充颜色　b）添加更多网格点　c）设置网格点的不透明度

将鼠标指针移动至网格点上方，按住"Alt"键，鼠标指针变为█形状后单击鼠标左键即可删除网格点。选中网格点后按"Delete"键，也可以删除网格点，如图 5-3-14 所示。

2. 使用网格工具调整对象形态

当要调整图形中某部分颜色所处的位置时，可以通过调整网格点的位置来完成。单击工具箱中的"网格工具"，将鼠标指针移动至网格点上方，单击即可选中网格点，然后按住鼠标左键拖动，即可调整网格点的位置，从而颜色也会发生变化，如图 5-3-15 所示。

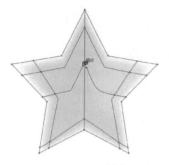

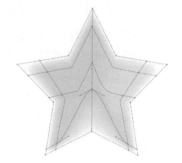

图 5-3-14　删除网格点　　　　　　　　　　　图 5-3-15　调整网格点位置

1. 新建 Illustrator 文档

执行"文件"→"新建"命令，弹出"新建文档"对话框，在对话框的"预设详细信息"选项中输入"苹果礼盒刀模图"，设置文档宽度为 908 mm、高度为 881 mm，方向为"横向"，颜色模式为"CMYK 颜色"模式，光栅效果为"高（300 ppi）"，然后单击"创建"按钮。

2. 绘制标题文字

（1）使用文字工具输入文字"太行苹果"，设置字体为"华康海报体 W12"，字体大小为 130 pt，填充为白色，如图 5-3-16 所示。

（2）使用选择工具选中输入的文字，单击鼠标右键，执行"创建轮廓"命令。继续单击鼠标右键，执行"取消编组"命令，调整文字角度和位置。使用橡皮擦工具擦除"果"字的上半部分，如图 5-3-17 所示。

（3）使用椭圆工具绘制一个尺寸为 29 mm×29 mm 的圆形，设置描边粗细为 20 pt。使用钢笔工具绘制叶子，放置在"果"字的右上角。选中绘制好的叶子，执行"对象"→"路径"→"偏移路径"命令，位移为 2 mm。选中绘制好的圆形执行"对象"→"路径"→"轮廓化描边"。选中偏移后的叶子和圆形，执行"路径查找器"→"减去顶层"命令，删除多余图形，如图 5-3-18 所示。

（4）使用钢笔工具在"果"字内部绘制曲线，设置描边粗细为 6 pt，选中所有文字，执行"对象"→"路径"→"轮廓化描边"命令，将所有文字转化为曲线后执行"路径查找器"→"联集"命令，如图 5-3-19 所示。

图 5-3-16　输入文字

图 5-3-17　擦除文字

图 5-3-18　字体变形

图 5-3-19　绘制"果"字内部高光

（5）使用选择工具选中做好的文字，执行"对象"→"路径"→"偏移路径"命令，位移为 2 mm，选中偏移路径字体执行"路径查找器"→"联集"命令，删除"果"字中间多余部分，填充为橙色（C1，M77，Y93，K0）到红色（C10，M87，Y100，K0）的纵向线性渐变。接着向下复制一层厚度，执行"对象"→"混合"→"建立"命令，指定距离为 0.036 mm，"混合选项"对话框如图 5-3-20a 所示。选中厚度执行"对象"→"扩展"命令，效果如图 5-3-20b 所示。

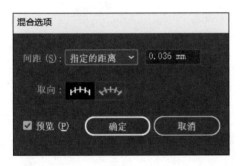

a）

b）

图 5-3-20　绘制标题轮廓
a）"混合选项"对话框　b）完成效果

（6）使用选择工具选中最上面一层图形，然后按"Ctrl+2"组合键将图形锁定。选中其他混合图形执行"路径查找器"→"联集"命令，将厚度合并为一个图形，填充为橙色（C1，M77，Y93，K0）到红色（C10，M87，Y100，K0）的横向线性渐变，如图 5-3-21 所示。

（7）使用选择工具选中最下面一层图形，执行"对象"→"路径"→"偏移路径"命令，位移为 2 mm，填充为浅粉色（C4，M23，Y15，K0）到粉色（C6，M60，Y48，K0）的纵向线性渐变，如图 5-3-22 所示。

（8）使用选择工具选中最下面一层图形，向下复制一层厚度，填充为橙粉色（C0，M74，Y62，K0）到洋红色（C2，M90，Y86，K0）的横向线性渐变，如图 5-3-23 所示。

图 5-3-21　添加第一层厚度　　　图 5-3-22　添加第二层　图 5-3-23　添加第三层
厚度　　　　　　　厚度

3. 绘制刀模图

（1）使用矩形工具绘制一个宽度为 465 mm、高度为 285 mm 的矩形，描边颜色填充为洋红色，描边粗细为 1 pt，如图 5-3-24 所示。

操作演示

（2）使用矩形工具绘制两个宽度为 86 mm、高度为 285 mm 的矩形，放置于两侧，描边颜色填充为洋红色，描边粗细为 1 pt，如图 5-3-25 所示。

图 5-3-24　绘制一个矩形　　　　　　　图 5-3-25　绘制两侧矩形

（3）使用透视扭曲工具将矩形调整为梯形。使用直接选择工具将尖角拖拽为圆角，将三个矩形编组，如图 5-3-26 所示。

（4）使用矩形工具在下方继续绘制一个宽度为 465 mm、高度为 92 mm 的矩形，描边颜色填充为洋红色，描边粗细为 1 pt。使用钢笔工具绘制两侧的防尘翼，将下方三个图形编组，如图 5-3-27 所示。

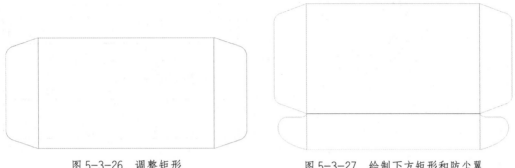

图 5-3-26　调整矩形　　　　　　　　图 5-3-27　绘制下方矩形和防尘翼

（5）使用矩形工具在上方绘制宽度为 465 mm、高度为 92 mm 的矩形，描边颜色填充为洋红色，描边粗细为 1 pt。继续使用矩形工具绘制两个宽度为 148 mm、高度为 85 mm 的矩形，将上方三个图形编组。将绘制好的上中下三部分图形垂直居中对齐，如图 5-3-28 所示。

（6）使用矩形工具继续在上方绘制一个宽度为 465 mm、高度为 285 mm 的矩形，描边颜色填充为洋红色，描边粗细为 1 pt。使用矩形工具绘制两个宽度为 105 mm、高度为 285 mm 的矩形，将绘制好的图形与原来的图形垂直居中对齐，如图 5-3-29 所示。

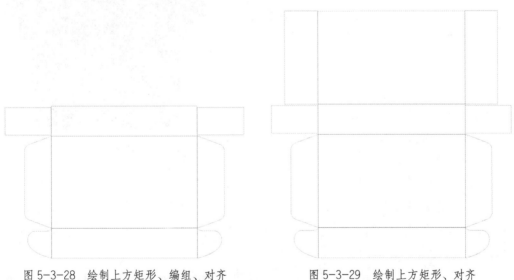

图 5-3-28　绘制上方矩形、编组、对齐　　　　图 5-3-29　绘制上方矩形、对齐

（7）使用矩形工具在上方矩形的两侧绘制两个宽度为 92 mm、高度为 279 mm 的矩形，描边颜色填充为洋红色，描边粗细为 1 pt。接着使用矩形工具绘制四个宽度为 7 mm、高度为 62 mm 的小矩形，放置在上方矩形的两侧，如图 5-3-30 所示。

（8）使用选择工具选中中间的三个矩形复制到上面，并执行"垂直顶对齐"，如图 5-3-31 所示。

图 5-3-30　绘制上方两侧矩形

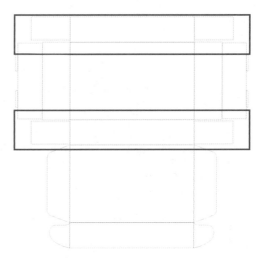

图 5-3-31　复制中间三个矩形

（9）将绘制好的刀模图编组，并向上复制一层，执行"路径查找器"→"联集"命令。选中图形，执行"对象"→"路径"→"偏移路径"命令，位移为 3 mm，连接选择"斜接"，斜接限制为 4，填充为红色（C36，M95，Y92，K2）。选中图形，执行"置于底层"命令，如图 5-3-32 所示。

4. 添加背景图

（1）使用钢笔工具绘制苹果外形，果肉填充为米色（C3，M6，Y22，K0），果皮填充为红色（C6，M96，Y78，K0）和深红色（C25，M97，Y84，K0），如图 5-3-33 所示。

图 5-3-32　填充刀模图

（2）使用钢笔工具绘制苹果核和高光，高光填充为粉色（C0，M85，Y50，K0），苹果核从内到外依次填充为棕色（C40，M65，Y90，K35）、白色和米黄色（C9，M9，Y36，K0），如图 5-3-34 所示。

（3）复制任务 1 绘制的苹果，将完整的苹果和苹果块进行组合，效果如图 5-3-35 所示。

（4）导入素材"背景素材 .png""植物素材 .png"文件，将苹果放置到适当的位置，调整图层顺序，如图 5-3-36 所示。

（5）导入素材"苹果树 .png"文件，执行"图像描摹"→"高保真度照片"命令，然后单击控制栏中的"扩展"命令，取消编组后删除白色背景，调整图层顺序，如

图 5-3-37 所示。

图 5-3-33　绘制苹果

图 5-3-34　绘制苹果核和高光

图 5-3-35　组合苹果

图 5-3-36　导入背景和植物素材

图 5-3-37　导入苹果树素材

（6）将绘制好的标题文字"太行苹果"放置到合适位置，导入素材"文字 .png"文件，调整位置大小，如图 5-3-38 所示。

图 5-3-38　刀模图正面图

5. 添加文案

（1）使用文字工具输入文字"TAIHANGPINGGUO"，设置字体为"思源黑体"，字体大小为 87 pt，填充为粉色（C0，M42，Y29，K0），不透明度为 50%。继续使用文字工具输入文字"太行苹果"，设置字体为"思源宋体"，字体大小为 137 pt，填充为白色。将两组文字组合到一起，放置在刀模图上，如图 5-3-39 所示。

图 5-3-39　输入、组合文字

（2）复制文字，调整角度和大小，如图 5-3-40 所示。

图 5-3-40　苹果礼盒刀模图

6. 绘制效果图

（1）执行"文件"→"新建"命令，弹出"新建文档"对话框，在对话框的"预设详细信息"选项中输入"苹果礼盒包装效果图"，设置文档宽度为 210 mm、高度为 280 mm，方向为"纵向"，然后单击"创建"按钮。导入素材"包装盒.png"文件，如图 5-3-41 所示。

（2）复制刀模图正面图，执行"对象"→"栅格化"命令，将正面图转化为位图。执行"图像描摹"→"高保真度照片"→"扩展"命令，将位图转换为矢量图。使用自由扭曲工具将正面图按照包装盒的透视调整角度，如图 5-3-42 所示。

（3）复制刀模图的右侧面图，使用自由扭曲工具将右侧面图按照包装盒的透视调整角度，如图 5-3-43 所示。

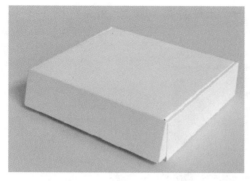

图 5-3-41　导入包装盒素材

图 5-3-42　复制、调整正面图

（4）复制刀模图的正侧面图。使用自由扭曲工具将正侧面图按照包装盒的透视调整角度，如图 5-3-44 所示。

图 5-3-43　复制、调整右侧面图

图 5-3-44　复制、调整正侧面图

（5）使用钢笔工具补充空白部分，填充为红色（C36，M95，Y92，K2），如图 5-3-45 所示。

图 5-3-45　填充空白部分

（6）使用选择工具将效果图的三个面选中，执行"对象"→"栅格化"命令，将矢量图转化为位图。执行"窗口"→"透明度"→"正片叠底"命令，效果如图5-3-46所示。

图 5-3-46　苹果礼盒包装效果图

7. 保存文件

（1）执行"文件"→"存储为"命令，分别保存"苹果礼盒刀模图 .ai"与"苹果礼盒包装效果图 .ai"源文件。

（2）执行"文件"→"导出"命令，分别导出"苹果礼盒刀模图 .jpg"与"苹果礼盒包装效果图 .jpg"文件。

项目六
产品设计

产品设计是一个创造性的综合信息处理过程，需要设计师具备创造力、技术能力和市场洞察力。

本项目通过设计咖啡手冲壶、咖啡分享壶、咖啡过滤杯以及礼盒产品广告宣传海报，来学习应用各种效果和图形样式等方法进行产品方案设计，使设计出的产品得到消费者的喜爱。

任务 1　制作咖啡手冲壶产品图

任务目标

1. 掌握"3D"效果的使用方法。

2. 掌握 Photoshop 效果的使用方法。

3. 能利用"3D"效果、Photoshop 效果设计制作咖啡手冲壶产品图。

本任务是一个产品设计实例，通过设计制作图 6-1-1 所示的咖啡手冲壶效果图，学习"3D"效果、Photoshop 效果的使用方法和技巧。要完成本任务，还需要熟练使用钢笔工具、椭圆工具绘制基本形体，并配合网格工具等完成立体感塑造，以此增添产品的艺术美感。

图 6-1-1　咖啡手冲壶效果图

一、"3D"效果

"3D"效果用于为对象创建 3D 立体外观效果。执行"效果"→"3D"命令，在弹出的子菜单中可选择"凸出和斜角""绕转"及"旋转"命令。

1. 凸出和斜角

"凸出和斜角"效果是通过创建对象的凸出厚度、斜角样式及表面的光照效果，来表现对象的 3D 效果。执行"效果"→"3D"→"凸出和斜角"命令，打开"3D 凸出和斜角选项"对话框，如图 6-1-2 所示。

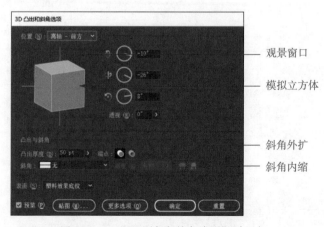

图 6-1-2　"3D 凸出和斜角选项"对话框

"3D 凸出和斜角选项"对话框中各选项的功能如下。

位置：在右侧的下拉列表框中选择用于 3D 对象放置的轴倾向类型，系统默认状态为"离轴—前方"。用户可直接拖动观景窗口内模拟立方体来设置旋转角度，也可以在"指定绕 X 轴旋转" 、"指定绕 Y 轴旋转" 和"指定绕 Z 轴旋转" 右侧的编辑框中输入旋转角度，设置图形在空间的旋转方向。

透视：用于设置模拟三点透视的镜头扭曲度。

凸出厚度：用于设置"3D"效果的凸出厚度。

端点：用于控制对象为开启端点以建立实心外观，或是关闭端点以建立空心外观。

斜角：用于设置"3D"效果凸出面的斜角样式。

高度：选择某个斜角样式时激活该选项，用于定义斜角的高度。

斜角外扩：将斜角添加至原始对象。

斜角内缩：自原始对象减去斜角。

贴图：用于将图稿映射到三维对象的表面。

更多选项：用于对光源选项进行设置。单击该按钮，显示更多选项，展开的"3D凸出和斜角选项"对话框如图 6-1-3 所示。

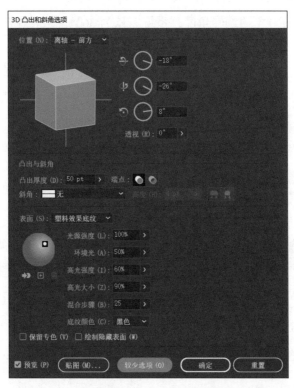

图 6-1-3 展开的"3D 凸出和斜角选项"对话框

2. 绕转

"绕转"效果是将对象旋转 360° 或以指定的角度来创建立体图形。执行"效果"→"3D"→"绕转"命令，打开"3D 绕转选项"对话框，如图 6-1-4 所示。

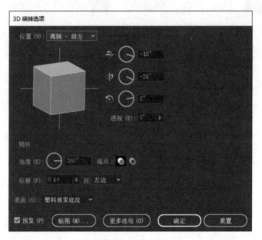

图 6-1-4 "3D 绕转选项"对话框

"3D 绕转选项"对话框中的大部分选项与"3D 凸出和斜角选项"对话框相同，在此不再赘述。这里仅介绍"绕转"选项组中各选项的功能。

角度：用来设置对象的绕转角度，系统默认为 360°，此时绕转出的对象为一个完整的立体对象。

位移：用来设置相对旋转轴的偏移量，系统默认为 0。该参数值越大，对象偏离轴中心越远。

自：用来设置绕转的方向，系统默认为"左边"。

"绕转"效果适合制作圆柱形的物体，例如茶壶、茶杯、酒瓶、花瓶等。它的工作原理是以物体中心为轴线，将物体剖面的线条绕转出立体图形。

3. 旋转

"旋转"效果是通过三维的透视旋转来创建对象的透视感。执行"效果"→"3D"→"旋转"命令，打开"3D 旋转选项"对话框，如图 6-1-5 所示。

"3D 旋转选项"对话框中的选项设置与"3D 绕转选项"对话框的选项设置基本一致，这里不再赘述。

二、Photoshop 效果

Photoshop 效果虽然是位图特效，但是也可以应用于矢量图形，应用 Photoshop 效

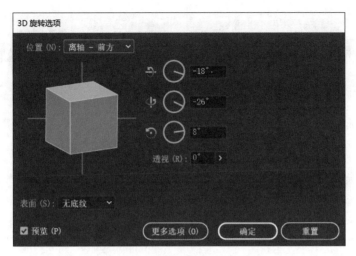

图 6-1-5 "3D 旋转选项"对话框

果可以使对象产生不同的视觉效果。Photoshop 效果与 Adobe Photoshop 中的"滤镜"功能非常相似,参数也几乎完全相同。

1. "像素化"效果

"像素化"效果能使图像中颜色相似的像素合并起来产生特殊的效果。执行"效果"→"像素化"命令,在弹出的子菜单中选择需要的命令,可应用"像素化"效果,"像素化"子菜单如图 6-1-6 所示。

图 6-1-6 "像素化"子菜单

"像素化"效果如图 6-1-7 所示。

2. "扭曲"效果

"扭曲"效果可以对图像中的像素进行移动或插值来使图像达到扭曲效果。执行"效果"→"扭曲"命令,在弹出的子菜单中选择需要的命令,可应用"扭曲"效果,"扭曲"子菜单如图 6-1-8 所示。

原图　　　　　　　　　彩色半调　　　　　　　　晶格化

点状化　　　　　　　　铜版雕刻

图 6-1-7　"像素化"效果

扭曲	>	扩散亮光...
模糊	>	海洋波纹...
画笔描边	>	玻璃...
素描	>	

图 6-1-8　"扭曲"子菜单

"扭曲"效果如图 6-1-9 所示。

原图　　　　　　扩散亮光　　　　　海洋波纹　　　　　玻璃

图 6-1-9　"扭曲"效果

3. "模糊"效果

"模糊"效果可以削弱相邻像素之间的对比度，使图像达到柔化的效果。此部分内容介绍在项目二的任务 2 中做了详细的介绍，这里不再赘述。

4. "画笔描边"效果

"画笔描边"效果是利用画笔不同的油墨混合来描绘图像，使图像产生多种艺术效果。执行"效果"→"画笔描边"命令，在弹出的子菜单中选择需要的命令，可应用

"画笔描边"效果，"画笔描边"子菜单如图 6-1-10 所示。

画笔描边	>	喷溅...
素描	>	喷色描边...
纹理	>	墨水轮廓...
艺术效果	>	强化的边缘...
视频	>	成角的线条...
风格化	>	深色线条...
		烟灰墨...
		阴影线...

图 6-1-10　"画笔描边"子菜单

"画笔描边"效果如图 6-1-11 所示。

原图　　　　　　　喷溅　　　　　　　喷色描边

墨水轮廓　　　　　强化的边缘　　　　成角的线条

深色线条　　　　　烟灰墨　　　　　　阴影线

图 6-1-11　"画笔描边"效果

5."素描"效果

"素描"效果能模拟素描、速写等绘画手法对图像进行处理。执行"效果"→"素描"命令，在弹出的子菜单中选择需要的命令，可应用"素描"效果，"素描"子菜单如图 6-1-12 所示。

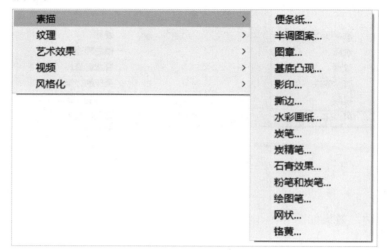

图 6-1-12 "素描"子菜单

"素描"效果如图 6-1-13 所示。

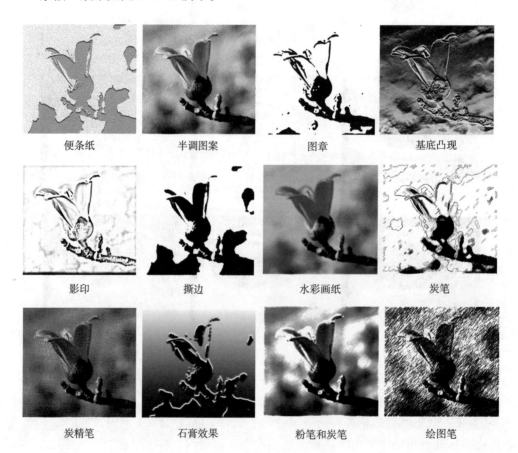

便条纸	半调图案	图章	基底凸现
影印	撕边	水彩画纸	炭笔
炭精笔	石膏效果	粉笔和炭笔	绘图笔

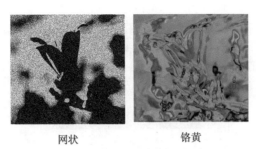

网状　　　　　　　铬黄

图 6-1-13　"素描"效果

6."纹理"效果

"纹理"效果可以使图像产生各种纹理效果。执行"效果"→"纹理"命令，在弹出的子菜单中选择需要的命令，可应用"纹理"效果，"纹理"子菜单如图 6-1-14 所示。

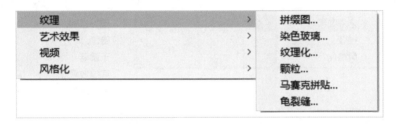

图 6-1-14　"纹理"子菜单

"纹理"效果如图 6-1-15 所示。

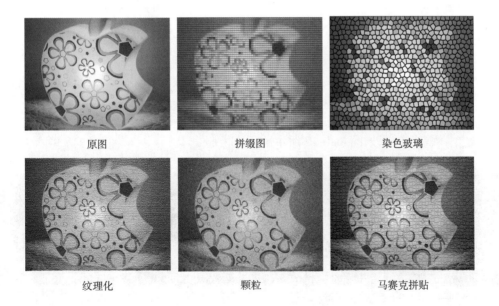

原图　　　　　　　拼缀图　　　　　　　染色玻璃

纹理化　　　　　　　颗粒　　　　　　　马赛克拼贴

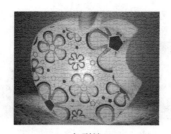

龟裂缝

图 6-1-15 "纹理"效果

7. "艺术效果"效果

"艺术效果"效果可以模拟不同艺术派别的表现技法产生不同的艺术效果。执行"效果"→"艺术效果"命令，在弹出的子菜单中选择需要的命令，可应用"艺术效果"效果，"艺术效果"子菜单如图 6-1-16 所示。

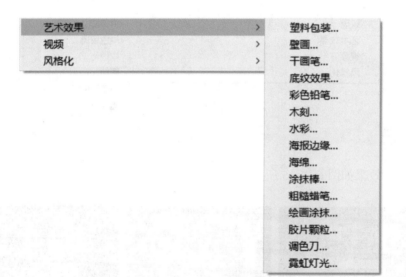

图 6-1-16 "艺术效果"子菜单

"艺术效果"效果如图 6-1-17 所示。

原图　　　　　　　塑料包装　　　　　　壁画　　　　　　干画笔

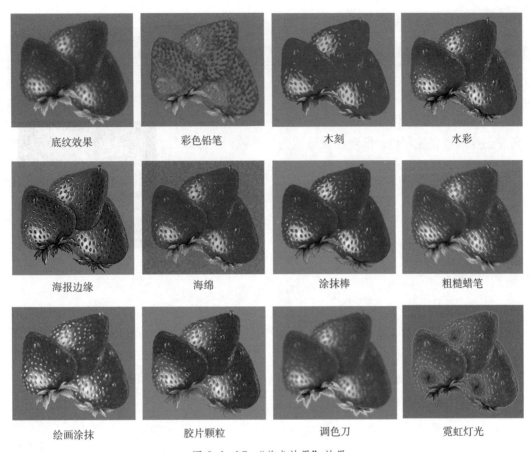

底纹效果	彩色铅笔	木刻	水彩
海报边缘	海绵	涂抹棒	粗糙蜡笔
绘画涂抹	胶片颗粒	调色刀	霓虹灯光

图 6-1-17 "艺术效果"效果

8．"视频"效果

"视频"效果主要用于 Illustrator 格式图像与视频图像之间的交换协调。它可以从摄像机输入图像或者将 Illustrator 格式的图像输出到录像带上。执行"效果"→"视频"命令，弹出的"视频"子菜单如图 6-1-18 所示。

| 视频 | ＞ | NTSC 颜色 |
| 风格化 | ＞ | 逐行... |

图 6-1-18 "视频"子菜单

"视频"效果中包含"NTSC 颜色"和"逐行"两项内容，"NTSC 颜色"能在电视机受色范围内，防止过饱和颜色渗透到电视扫描行中，"逐行"能使视频上捕捉的运动图像变得更平滑。

9．"风格化"效果

"风格化"效果中只有"照亮边缘"一条命令，执行"效果"→"风格化"命令，弹出的"风格化"子菜单如图 6-1-19 所示。

风格化	>	照亮边缘...

图 6-1-19 "风格化"子菜单

"风格化"效果中的"照亮边缘"命令可以将图像中高对比度区域变为白色，低对比度区域变为黑色，使图像上不同颜色交界处出现如霓虹灯发光的效果，如图 6-1-20 所示。

图 6-1-20 "照亮边缘"效果

1. 新建 Illustrator 文档

执行"文件"→"新建"命令，打开"新建文档"对话框，在对话框的"预设详细信息"选项中输入"咖啡手冲壶"，设置文档大小为"A4"，方向为"横向"，颜色模式为"CMYK 颜色"模式，光栅效果为"高（300 ppi）"，单击"创建"按钮。

2. 制作壶盖

操作演示

（1）使用椭圆工具绘制一个尺寸为 10.5 mm × 10.5 mm 的圆形，填充为灰色（C55，M45，Y40，K30）。使用网格工具在圆形中添加四个节点，将第二排中间两个节点与最下方中间两个节点的颜色修改为黑色（C90，M85，Y85，K80），如图 6-1-21a 红框所示；将第三排中间两个节点调整为深灰色（C70，M60，Y50，K60），如图 6-1-21a 蓝框所示；再将四个角的节点调整为黑色（C90，M85，Y85，K80），如图 6-1-21a 橙框所示。调整后的效果如图 6-1-21b 所示。

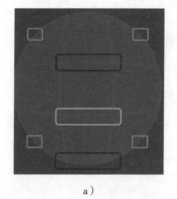

a）   b）

图 6-1-21 使用网格工具调整圆形颜色

a）使用网格工具调整圆形颜色 b）完成效果

（2）使用椭圆工具在黑色球体上绘制一个尺寸为 8 mm×6 mm 的椭圆形，填充为白色到黑蓝色（C90，M80，Y60，K100）的线性渐变，渐变角度为 –80°，不透明度为60%，混合模式为"滤色"，如图 6-1-22a 所示。继续绘制一个尺寸为 8.5 mm×8.5 mm的圆形，填充为 60% 灰色到黑蓝色（C90，M80，Y60，K100）的径向渐变，在"透明度"面板中将混合模式设置为"颜色减淡"，放置在圆形左上方，如图 6-1-22b 所示。继续绘制一个尺寸为 10.5 mm×10.5 mm 的圆形，放置在顶层。选中全部对象，执行"建立剪贴蒙版"命令，效果如图 6-1-22c 所示。

a）　　　　　　　　　　　　b）　　　　　　　　　　　　c）

图 6-1-22　绘制圆球
a）绘制椭圆形　b）绘制圆形　c）完成效果

（3）使用椭圆工具绘制一个尺寸为 4 mm×4 mm 的圆形，执行"效果"→"3D"→"凸出和斜角"命令，位置设置为"离轴 – 上方"，凸出厚度设置为 6 pt，"3D凸出和斜角选项"对话框如图 6-1-23a 所示，单击"确定"按钮，效果如图 6-1-23b所示。

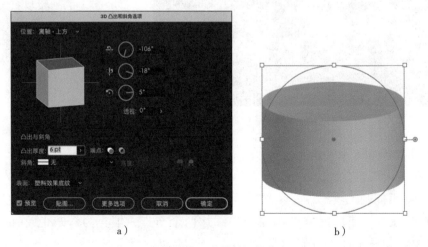

a）　　　　　　　　　　　　　　　　　b）

图 6-1-23　绘制圆柱体
a）"3D 凸出和斜角选项"对话框　b）完成效果

（4）选中创建好的圆柱体，执行"对象"→"扩展外观"命令，随后执行"取消编组"命令。选中侧面，执行"路径查找器"→"联集"命令，填充为灰色（C60，M50，Y45，K35）到浅灰色（C50，M40，Y35，K20）到深灰色（C75，M65，Y60，K75）到浅灰色（C50，M40，Y35，K20）再到灰色（C60，M50，Y45，K35）的线性渐变，如图6-1-24a所示。将圆柱体放置在圆球下方，壶盖提手的效果如图6-1-24b所示。

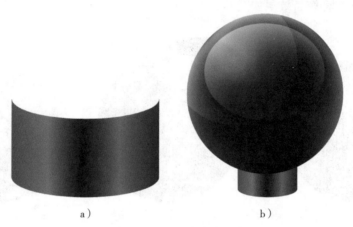

a）   b）

图6-1-24　制作壶盖提手

a）制作壶盖连接处　b）完成效果

（5）选中上方圆球，执行"效果"→"扭曲"→"扩散亮光"命令，将粒度调整为2，"扩散亮度"对话框如图6-1-25a所示，效果如图6-1-25b所示。

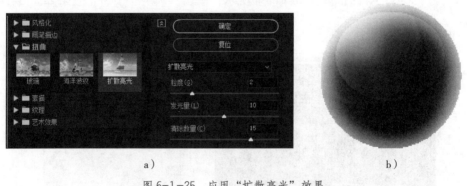

a）   b）

图6-1-25　应用"扩散亮光"效果

a）"扩散亮光"对话框　b）完成效果

（6）使用椭圆工具绘制一个尺寸为47 mm×7 mm的椭圆形，填充为灰色（C40，M30，Y30，K7）。使用网格工具在中心添加两个节点，填充为深灰色（C60，M55，Y50，K50），如图6-1-26所示。

图 6-1-26 制作壶盖

（7）将壶盖提手放置在椭圆形上，并为壶盖提手绘制阴影。使用椭圆工具分别绘制尺寸为 15 mm×2 mm、15 mm×3 mm、20 mm×4 mm 的椭圆形，全部填充为由黑色到白色的径向渐变。将三个椭圆形的不透明度调整为 30%，混合模式设置为"正片叠底"，如图 6-1-27 所示。

图 6-1-27 制作提手阴影

（8）使用钢笔工具绘制出图 6-1-28a 所示的图形，填充为深灰色（C60，M50，Y45，K35）。使用网格工具添加三个节点，两边添加的节点填充为浅灰色（C30，M20，Y20，K5），如图 6-1-28b 红框所示，中间节点填充为黑色，如图 6-1-28b 黄框所示。将绘制好的图形进行组合，效果如图 6-1-28c 所示。

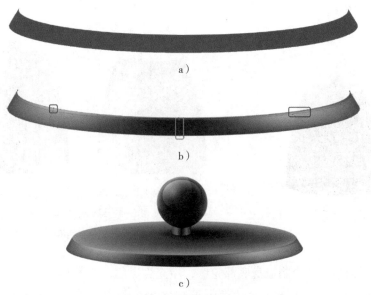

a）

b）

c）

图 6-1-28 绘制壶盖侧面
a）绘制壶盖侧面图形 b）填充颜色 c）完成效果

（9）使用钢笔工具绘制反光，填充为白色到黑色的线性渐变，左侧反光的不透明度为100%，混合模式设置为"滤色"；右侧反光的不透明度为40%，混合模式设置为滤色，如图6-1-29a所示。将反光放置在壶盖侧面，效果如图6-1-29b所示。

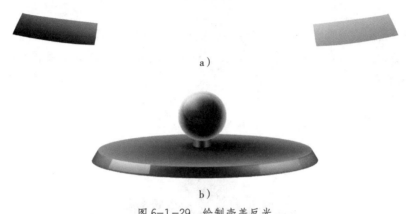

a）

b）

图6-1-29　绘制壶盖反光

a）绘制反光　b）完成效果

3. 制作壶身

（1）使用钢笔工具绘制壶身外轮廓，填充为黑色，如图6-1-30所示。

（2）使用网格工具在壶身上方和底边添加网格节点，将上方第一个节点填充为浅灰色（C35，M30，Y30，K10），如图6-1-31a黄框所示；上方第四个节点填充为淡灰色（C30，M20，Y20，K0），如图6-1-31a红框所示；底边第二和第四个节点填充为淡灰色（C30，M20，Y20，K0），如图6-1-31a蓝框所示，效果如图6-1-31b所示。

a）

b）

图6-1-30　绘制壶身外轮廓　　　　　　　图6-1-31　制作壶身明暗

a）使用网格工具调整壶身颜色　b）完成效果

（3）使用钢笔工具绘制壶身底部轮廓，填充为黑色，如图6-1-32所示。

（4）使用网格工具在壶底添加网格节点，将第二排第二列、第三排第二列、第二排第四列、第三排第四列的节点填充为白色，如图6-1-33a所示，效果如图6-1-33b

所示。

图 6-1-32 绘制壶身底部轮廓

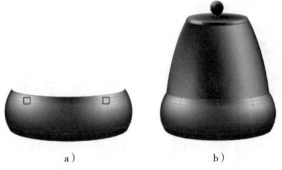

a）　　　　　　　　　　b）

图 6-1-33 制作壶身底部明暗

a）使用网格工具调整壶身底部颜色　b）完成效果

（5）使用钢笔工具绘制高光，填充为白色到黑色的线性渐变，不透明度为35%，混合模式设置为"滤色"，如图 6-1-34a 所示。将高光放置在壶身左侧，复制一份，执行"水平镜像"命令，放置在壶身右侧，效果如图 6-1-34b 所示。

（6）打开素材"壶把壶嘴 .ai"文件，将素材与壶身进行组合，效果如图 6-1-35 所示。

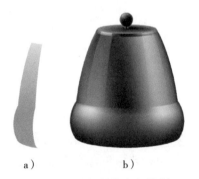

a）　　　　b）

图 6-1-34 制作壶身高光

a）制作壶身高光　b）完成效果

图 6-1-35 最终组合效果

4. 保存文件

（1）执行"文件"→"存储为"命令，保存文件。

（2）执行"文件"→"导出"命令，导出文件，在"导出"对话框中勾选"使用画板"，导出的效果图如图 6-1-1 所示。

任务 2　制作咖啡分享壶产品图

任务目标

1. 掌握 Illustrator 效果的应用技巧。
2. 掌握"外观"面板的使用技巧。
3. 能利用 Illustrator 效果以及"外观"面板设计制作咖啡分享壶产品图。

任务描述

本任务是一个产品设计实例，通过设计制作图 6-2-1 所示的咖啡分享壶效果图，学习 Illustrator 效果的应用技巧。要完成本任务，需要熟练掌握设计技巧和钢笔工具的使用方法。

图 6-2-1　咖啡分享壶效果图

相关知识

一、Illustrator 效果

Illustrator 效果主要为矢量对象服务，但是很多效果也可以应用于位图对象，应用 Illustrator 效果可以使对象产生外形上的变化。Illustrator 效果包含了十种效果，其中"3D"效果在本项目的任务 1 中做了详细的介绍，"风格化"效果在项目二的任务 1 中做了详细的介绍，这里不再赘述。

1."SVG 滤镜"效果

"SVG 滤镜"效果用于在 Web 浏览器中显示作品时可以将滤镜实时应用到作品中，即该滤镜仍然是可编辑的。执行"效果"→"SVG 滤镜"命令，在弹出的子菜单中可选择"应用 SVG 滤镜"或"导入 SVG 滤镜"命令。"应用 SVG 滤镜"命令是指对选中的物体施加 SVG 效果。"导入 SVG 滤镜"命令可以在 Illustrator 中导入任何 SVG 滤镜。"SVG 滤镜"子菜单如图 6-2-2 所示。

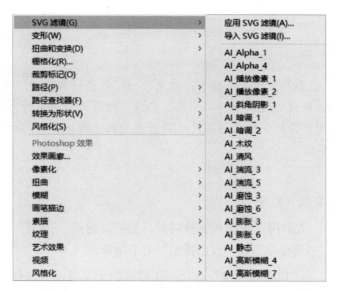

图 6-2-2 "SVG 滤镜"子菜单

2. "变形"效果

"变形"效果用于变形或扭曲对象，应用范围包括路径、文本、网格、混合以及位图图像。

执行"效果"→"变形"命令，在弹出的子菜单中可选择需要的命令来变形对象，"变形"子菜单如图 6-2-3 所示。

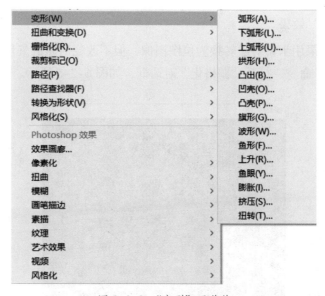

图 6-2-3 "变形"子菜单

小贴士

"变形"效果与执行"对象"→"封套扭曲"→"用变形建立"
命令得到的效果相同。应用"变形"效果变形对象时，对象的外形
发生了变化，但是对象的路径并无变化，这一点与"封套扭曲"命
令不同。

3. "扭曲和变换" 效果

"扭曲和变换"效果用于扭曲和变换对象，包括"变换""扭拧""扭转""收缩和
膨胀""波纹效果""粗糙化"及"自由扭曲"七个命令。

执行"效果"→"扭曲和变换"命令，在弹出的子菜单中可选择需要的命令来扭
曲和变换对象，"扭曲和变换"子菜单如图 6-2-4 所示。

图 6-2-4 "扭曲和变换"子菜单

4. "栅格化" 效果

"栅格化"效果用于将对象转换为位图图像，但不改变对象的矢量结构。执行"效
果"→"栅格化"命令，打开"栅格化"对话框，如图 6-2-5 所示。

图 6-2-5 "栅格化"对话框

5. "裁剪标记"效果

"裁剪标记"效果用于标记打印或输出时的裁剪范围。执行"效果"→"裁剪标记"命令，可得到图6-2-6所示的效果。

6. "路径"效果

"路径"效果用于对路径进行处理，包括"偏移路径""轮廓化对象"及"轮廓化描边"三个命令。

执行"效果"→"路径"命令，在弹出的子菜单中可选择需要的命令对路径进行处理，"路径"子菜单如图6-2-7所示。

图 6-2-6 "裁剪标记"效果

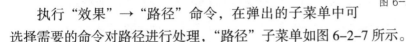

图 6-2-7 "路径"子菜单

7. "路径查找器"效果

"路径查找器"效果用于修改对象的外观，但它不会对路径产生真正的破坏，包括"相加""交集""差集"和"相减"等十三个命令。

执行"效果"→"路径查找器"命令，在弹出的子菜单中可选择需要的命令来修改对象，"路径查找器"子菜单如图6-2-8所示。

图 6-2-8 "路径查找器"子菜单

小贴士

使用"路径查找器"效果中的命令时，首先要将对象进行编组，否则命令不会起作用。

8."转换为形状"效果

"转换为形状"效果用于将矢量对象的形状转换为矩形、圆角矩形或椭圆形。

执行"效果"→"转换为形状"命令，在弹出的子菜单中选择需要的命令即可将矢量对象转换为命令所指定的形状，"转换为形状"子菜单如图6-2-9所示。

图 6-2-9 "转换为形状"子菜单

二、外观

外观是在不改变对象结构的前提下，改变对象的表面属性。外观包含填充、描边、透明度和各种特殊效果。这些属性都可通过"外观"面板进行设置，且在设置完成后可随意修改和删除。

1."外观"面板

选择一个对象，执行"窗口"→"外观"命令，可打开"外观"面板，如图6-2-10所示。该对象的填充、描边和效果等按应用的先后顺序上下堆叠，"外观"面板和图层结构相似，可以采用拖拽的方法，调整顺序，改变对象外观。

图 6-2-10 "外观"面板

"外观"面板中各按钮的功能如下。

所选对象缩览图 □：显示当前选择对象的缩览图，其右侧的名称表示当前对象的类型，如路径、文字、组、图像和图层等。

描边：显示并可修改对象的描边属性，包括描边颜色、粗细和类型。

填色：显示并可修改对象的填充颜色。

不透明度：显示并可修改对象的不透明度和混合模式。

眼睛图标 ●：可隐藏或重新显示效果。

添加新描边 ⬜：单击此按钮，可为对象增加一个描边属性。

添加新填色 ⬛：单击此按钮，可为对象增加一个填色属性。

添加新效果 *fx.*：单击此按钮，可在弹出的子菜单中选择一个效果添加到对象上。

清除外观 ⊘：单击此按钮，可清除所选对象的所有外观。

复制所选项目 ⊞：选中要复制的外观，单击此按钮，可复制此外观。

删除所选项目 🗑：选中要删除的外观，单击此按钮，可删除此外观。

2. 调整外观属性的顺序

在"外观"面板中，外观属性是按照应用的先后顺序依次堆叠排列的。用户可通过调整外观属性的顺序来更改对象的显示效果。其方法为：在需要调整的外观属性上按住鼠标左键向上或向下拖动，可以调整堆叠顺序，同时更改对象的效果。图 6-2-11 所示的图形描边应用了"投影"效果，将"投影"属性拖动到"填色"属性下方，图形的外观即发生了变化，效果如图 6-2-12 所示。

图 6-2-11 调整外观属性

图 6-2-12 调整外观属性后的效果

3. 复制、隐藏、删除外观属性

复制外观属性的常用方法有两种，一种是通过拖动复制外观属性，另一种是使用吸管工具复制外观属性，下面将分别进行介绍。

通过拖动复制外观属性：选择要复制外观的对象或组（或在"图层"面板中定位到相应的图层），如图 6-2-13 所示。将"外观"面板顶部的缩览图拖动到文档窗口中的一个对象上（如果未显示缩览图，可从"外观"面板的扩展菜单中选择"显示缩览图"命令）即可复制外观属性，如图 6-2-14 所示。

图 6-2-13　选择对象

图 6-2-14　复制外观属性

使用吸管工具复制外观属性：用户可使用吸管工具在对象间复制外观属性，包括图形填色和描边属性以及文字对象的字符、段落、填色和描边属性等。其方法为：选择想要更改属性的对象，单击"吸管工具"，将其移至要进行属性取样的对象上。单击鼠标左键对所有外观属性取样，如图 6-2-15 所示，然后将其应用于所选对象上，如图 6-2-16 所示。

图 6-2-15　使用吸管工具取样

图 6-2-16　应用外观属性

　　对于不需要或无用的外观属性，可将其隐藏或删除，以免造成误操作，下面将分别进行介绍。

　　隐藏外观属性：选择对象后，在"外观"面板中单击一个属性前的眼睛图标 👁，即可隐藏该属性，如果要重新将其展示出来，则可再次在眼睛图标处单击。

　　删除外观属性：如果要删除一种外观属性，可在"外观"面板中选择需要删除的外观属性，然后单击底部的"删除所选项目"按钮 🗑 即可；或将选择的外观属性拖动到"删除所选项目"按钮 🗑 上，松开鼠标后，也可将其删除，如图 6-2-17 所示。另外，若要删除填色和描边之外的所有外观属性，可单击"外观"面板右上角的扩展按钮 ▤，在弹出的下拉菜单中选择"简化至基本外观"命令。如果要删除所有外观，使对象变为无填色、无描边的效果，可单击"外观"面板底部的"清除外观"按钮 🚫。

图 6-2-17　删除外观属性

4. 扩展外观

　　选择对象，如图 6-2-18 所示。执行"对象"→"扩展外观"命令，可将对象的填充、描边和应用的效果等外观属性扩展为独立的对象，且对象会自动编组。图 6-2-19 所示为选择的对象扩展外观、取消编组并移动对象后的效果。

图 6-2-18　选择对象

图 6-2-19　扩展外观后操作效果

任务实施

1. 新建 Illustrator 文档

执行"文件"→"新建"命令，打开"新建文档"对话框，在对话框的"预设详细信息"选项中输入"咖啡分享壶"，设置文档大小为 A4，方向为"横向"，颜色模式为"CMYK 颜色"模式，光栅效果为"高（300 ppi）"，单击"创建"按钮。

2. 制作壶身与壶口

（1）使用钢笔工具绘制出壶口轮廓，填充为灰色（C40，M30，Y30，K10），如图 6-2-20 所示。

（2）使用网格工具添加网格，将右侧两列网格节点颜色调整为深灰色（C65，M55，Y50，K50），如图 6-2-21 所示。

图 6-2-20　绘制壶口轮廓

图 6-2-21　绘制壶口明暗

（3）复制一份调整后的壶口轮廓，调整网格颜色。最左侧一列颜色调整为白色，左侧第二列与第三列颜色调整为浅灰色（C0，M0，Y0，K30），如图 6-2-22 红框所示。第四列颜色调整为深灰色（C0，M0，Y0，K60），如图 6-2-22 黄框所示。

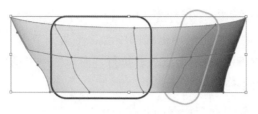

图 6-2-22　强化壶口明暗

（4）将两个图形对齐，选中两个图形执行"窗口"→"外观"命令，打开"外观"面板，单击"不透明度"，随后单击"制作蒙版"，"外观"面板和"透明度"面板如图 6-2-23a 所示，效果如图 6-2-23b 所示。

a）　　　　　　　　　　　　　　　　　　　　　　b）

图 6-2-23　制作蒙版效果

a）"外观"面板和"透明度"面板　b）完成效果

（5）使用椭圆工具分别绘制尺寸为 67 mm×6 mm 和 65 mm×4 mm 的椭圆形。将两个椭圆形中心对齐，按"Ctrl+G"组合键进行编组，执行"效果"→"路径查找器"→"相减"命令，填充为浅灰色（C30，M20，Y20，K0）到灰色（C0，M00，Y00，K40）再到浅灰色（C30，M20，Y20，K0）的线性渐变，如图 6-2-24 所示。

图 6-2-24　绘制壶口边缘厚度

（6）复制绘制好的圆环，横向裁切一半，填充为灰色（C30，M20，Y20，K0）到10% 灰色再到灰色的线性渐变，放置在圆环上方，如图 6-2-25 所示。

图 6-2-25　绘制壶口边缘厚度明暗

（7）使用椭圆工具绘制一个尺寸为 64 mm×4 mm 的椭圆形，填充为深灰色（C65，M50，Y50，K50）。使用网格工具单击椭圆中心，将两侧节点的不透明度调整为 60%，将中间一列节点的不透明度调整为 20%。执行"窗口"→"透明度"命令，将混合模式修改为"滤色"，如图 6-2-26 所示。

（8）使用钢笔工具绘制壶口内壁高光，如图 6-2-27 所示，填充为不透明度为 60%的白色到不透明度为 0% 的白色，渐变角度为 -180°，放置在合适位置。

图 6-2-26　绘制壶口内壁明暗　　　　图 6-2-27　绘制壶口内壁高光

（9）使用钢笔工具绘制壶口高光，如图 6-2-28 所示，填充为白色，放置在合适位置。

（10）使用钢笔工具绘制壶口质感，如图 6-2-29 所示，填充为黑色到白色再到黑色的线性渐变，渐变滑块的位置从左到右依次为 0%、10%、100%，将不透明度调整为40%，渐变角度为 19°。执行"窗口"→"透明度"命令，将混合模式修改为"滤色"，如图 6-2-29 所示。

图 6-2-28　绘制壶口高光　　　　　　图 6-2-29　绘制壶口质感

（11）复制刚绘制好的图形，调整渐变角度为 -87°，在"透明度"面板中将不透明度调整为 80%，放置到合适位置，如图 6-2-30 所示。

（12）将绘制好的两个图形，镜像放置在右侧。最右侧不透明度调整为 100%，渐变角度调整为 160°。另一个调整为白色到不透明度为 0% 的白色的线性渐变，渐变角度调整为 88°，效果如图 6-2-31 所示。

（13）使用钢笔工具绘制出壶颈外轮廓，填充为灰色（C60，M55，Y50，K50）到黑色（C70，M60，Y60，K70）到深灰色（C65，M60，Y55，K55）到灰色（C60，M55，Y50，K50）到黑色（C70，M60，Y60，K70）到深灰色（C65，M60，Y55，K55）到黑色（C70，M60，Y60，K70）到灰色（C60，M55，Y50，K50）的线性渐变，渐变滑块的位置从左到右依次为 0%、10%、17%、27%、53%、67%、85%、100%，"渐变"面板如图 6-2-32a 所示。壶颈外轮廓绘制完成后，放置在壶口下方，效果如图 6-2-32b所示。

图 6-2-30　复制壶口质感

图 6-2-31　壶口质感效果

a）

b）

图 6-2-32　绘制壶颈外轮廓
a）"渐变"面板　b）完成效果

（14）使用钢笔工具绘制壶颈顶面细节，填充为灰色（C60，M55，Y50，K50）到黑色到灰色（C60，M55，Y50，K50）到深灰色（C65，M60，Y55，K55）的线性渐变，"渐变"面板如图 6-2-33a 所示，效果如图 6-2-33b 所示。

a）

b）

图 6-2-33　绘制壶颈顶面细节
a）"渐变"面板　b）完成效果

（15）使用钢笔工具绘制壶颈阴影轮廓，填充为黑色，如图 6-2-34a 所示。随后复制一层放置在下方，填充为白色，不透明度为 0%，如图 6-2-34b 所示。

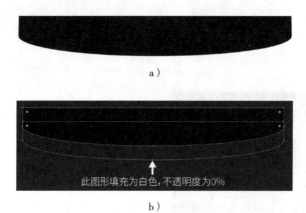

a）

此图形填充为白色，不透明度为0%

b）

图 6-2-34　绘制壶颈阴影轮廓

a）绘制壶颈阴影轮廓　b）完成效果

（16）选中两个壶颈阴影轮廓，执行"对象"→"混合"→"混合选项"命令，将间距设定为指定的步数 20，"混合选项"面板如图 6-2-35a 所示。执行"对象"→"混合"→"建立"命令，将阴影放置在合适位置，如图 6-2-35b 所示。

a）　　　　　　　　　　　　　　　b）

图 6-2-35　绘制壶颈阴影

a）"混合选项"面板　b）完成效果

（17）使用钢笔工具绘制壶颈内部厚度，如图 6-2-36 所示，填充为深灰色（C60，M55，Y50，K50）到黑色到深灰色（C60，M55，Y50，K50）的线性渐变。

图 6-2-36　绘制壶颈内部厚度

（18）用钢笔工具绘制壶颈内壁，如图 6-2-37a 所示，填充为深灰色（C60，M55，Y50，K50）到黑色到深灰色（C60，M55，Y50，K50）到黑色到黑色到深灰色（C60，

M55，Y50，K50）的线性渐变，"渐变"面板如图 6-2-37b 所示。

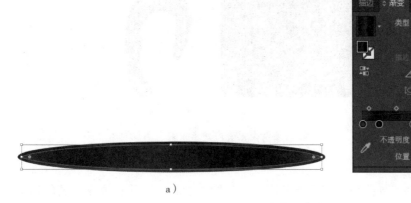

a）

b）

图 6-2-37　绘制壶颈内壁
a）绘制壶颈内壁　b）"渐变"面板

（19）将刚绘制好的两个图形放置于壶颈上方，调整图层位置，完成壶身上半部分的绘制，效果如图 6-2-38 所示。

（20）打开素材"壶身 .ai"文件，栅格化后放置在合适位置，如图 6-2-39 所示。

图 6-2-38　壶口和壶颈最终效果　　　图 6-2-39　置入壶身素材

操作演示

3. 制作扶手

（1）使用钢笔工具绘制壶把手，填充为灰色（C60，M50，Y50，K40），如图 6-2-40 所示。

（2）选中壶把手，执行"效果"→"风格化"→"内发光"命令，内发光颜色调整为黑色，不透明度为 75%，模糊为 3 mm，选择"边缘"，"内发光"对话框如图 6-2-41a 所示，效果如图 6-2-41b 所示。

图 6-2-40　绘制壶把手

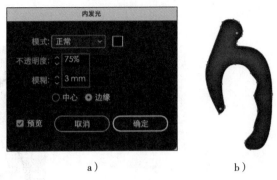

图 6-2-41　绘制壶把手内发光效果

a）"内发光"对话框　b）完成效果

（3）使用钢笔工具绘制壶把手外部阴影，如图 6-2-42a 所示，填充为黑色和深灰色（C65，M60，Y55，K55），随后执行"效果"→"模糊"→"高斯模糊"命令，设置模糊半径为 10 mm，如图 6-2-42b 所示。

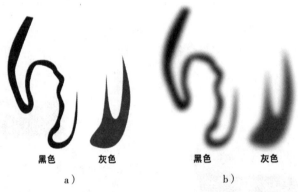

图 6-2-42　绘制壶把手外部阴影

a）绘制阴影部分　b）完成效果

（4）将阴影部分放置在合适位置，如图 6-2-43a 所示。复制壶把手，放置在最顶层，选中全部图形对象，单击鼠标右键执行"建立剪切蒙版"命令，效果如图 6-2-43b 所示。

（5）使用钢笔工具绘制壶把手外轮廓高光，无填充色，设置描边颜色为灰色（C60，M55，Y50，K50）到黑色到深灰色（C65，M60，Y55，K55）到灰色（C60，M55，Y50，K50）到黑色到深灰色（C65，M60，Y55，K55）到黑色到灰色（C60，M55，Y50，K50）的线性渐变，"渐变"面板如图 6-2-44a 所示，效果如

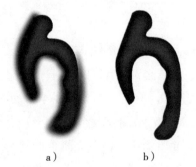

图 6-2-43　壶把手外部阴影效果

a）阴影部分放置在合适位置

b）完成效果

图 6-2-44b 所示。

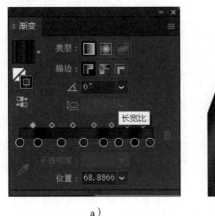

a)   b)

图 6-2-44 绘制壶把手外轮廓高光

a) "渐变" 面板   b) 完成效果

（6）使用钢笔工具绘制壶把手内部高光，填充为 50% 白色到 0% 白色的线性渐变，执行 "效果" → "模糊" → "高斯模糊" 命令，设置半径为 3 mm，如图 6-2-45 所示。

（7）使用钢笔工具沿边缘绘制出阴影形状，填充为黑色，如图 6-2-46a 所示。选中阴影，执行 "效果" → "模糊" → "高斯模糊" 命令，设置半径为 3 mm，效果如图 6-2-46b 所示。

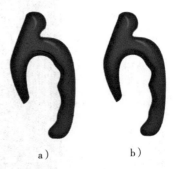

a)   b)

图 6-2-45 绘制壶把手内部高光   图 6-2-46 绘制壶把手内部阴影

a) 绘制阴影   b) 完成效果

（8）将绘制好的壶把手与壶身组合，效果如图 6-2-47 所示。

4. 保存文件

（1）执行 "文件" → "存储为" 命令，保存文件。

（2）执行 "文件" → "导出" 命令，导出文件，在 "导出" 对话框中勾选 "使用画板"，导出的效果图如图 6-2-1 所示。

图 6-2-47 最终组合效果

任务 3　制作手冲咖啡套装产品宣传海报

1. 掌握图形样式的应用技巧。
2. 掌握剪刀工具的使用方法。
3. 能利用图形样式和剪刀工具设计制作手冲咖啡套装产品宣传海报。

本任务是一个产品宣传海报设计实例，通过制作图 6-3-1 所示的手冲咖啡套装产品宣传海报，学习图形样式的应用技巧，熟练掌握位图滤镜和特效的应用技巧。要完成本任务，还需要能熟练地绘制图形并进行渐变填充，以便细腻地表现咖啡过滤杯质感，使设计出的产品得到消费者的喜爱。

图 6-3-1　手冲咖啡套装产品宣传海报

一、图形样式

图形样式是指一系列已经设置好的外观属性，可供用户快速赋予所选对象，而且可以反复使用。使用图形样式功能可以快速为文档中的对象赋予某种特殊效果，而且可以保证大量对象的样式是完全相同的。

想要应用图形样式，需要执行"窗口"→"图形样式"命令，打开"图形样式"面板。在这里不仅可以选择样式使用，还可以创建新的样式，或对已有的样式进行编辑，如图 6-3-2 所示。

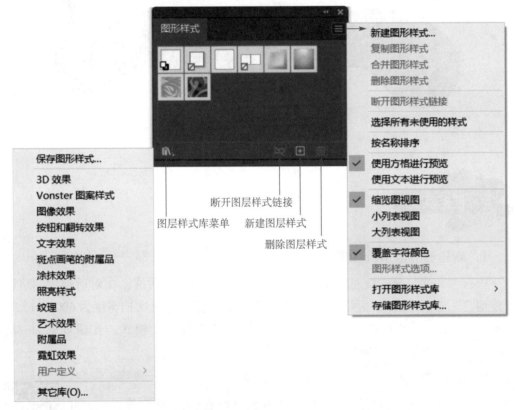

图 6-3-2　"图形样式"面板

图形样式库菜单 ![]：单击该按钮，在弹出的样式库菜单中执行某项命令，即可打开相应的样式库。从中选择合适的样式，即可赋予所选对象。

断开图形样式链接 ![]：选择应用了图形样式的对象、组或图层，然后单击该按钮，可以将样式的链接断开。

新建图形样式 ⊞：选择了某一个矢量图形时，单击该按钮，能够以所选对象的外观新建样式。如果没有选中对象，那么单击该按钮，则以当前的"外观"面板中的属性新建样式。

删除图形样式 🗑：在"图形样式"面板中选择一种图形样式，单击该按钮，即可删除所选样式。

二、剪刀工具 ✂

剪刀工具用于修剪路径。按住工具箱中的"橡皮擦工具"按钮 ◆，可从弹出的工具组中选择剪刀工具。使用剪刀工具在绘制的路径上单击，即可创建断点。此操作可将封闭的路径变为开放的路径，使用直接选择工具移动断点，如图 6-3-3 所示。

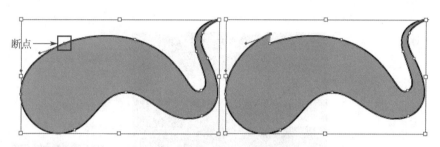

图 6-3-3　创建断点、移动断点

1. 新建 Illustrator 文档

执行"文件"→"新建"命令，打开"新建文档"对话框，在对话框的"预设详细信息"选项中输入"手冲咖啡套装产品宣传海报"，设置文档宽度为 600 mm、高度为 900 mm，方向为"纵向"，颜色模式为"CMYK 颜色"模式，光栅效果为"高（300 ppi）"，然后单击"创建"按钮。

2. 绘制过滤杯

（1）使用钢笔工具绘制一条白色斜线，设置描边粗细为 1 pt，如图 6-3-4a 所示。执行"效果→3D"→"绕转"命令，"3D 绕转选项"对话框如图 6-3-4b 所示，效果如图 6-3-4c 所示。

操作演示

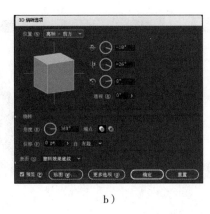

a）　　　　　　　　　　b）　　　　　　　　　　c）

图 6-3-4　绘制圆锥体

a）绘制白色斜线　b）"3D 绕转选项"对话框　c）完成效果

（2）使用选择工具选中绘制好的圆锥体，执行"对象"→"扩展外观"命令，旋转图形角度，执行"路径查找器"→"联集"命令，如图 6-3-5a 所示。从左到右依次填充为灰色（C11，M9，Y10，K0）、浅灰色（C20，M15，Y15，K0）、白色（C4，M3，Y3，K0）到灰色（C27，M21，Y21，K0）的线性渐变，"渐变"面板如图 6-3-5b 所示，效果如图 6-3-5c 所示。

a）　　　　　　　　　　b）　　　　　　　　　　c）

图 6-3-5　调整圆锥体

a）调整圆锥体　b）"渐变"面板　c）完成效果

（3）使用钢笔工具绘制半个杯子形状，如图 6-3-6a 所示。使用镜像工具对图形进行垂直镜像复制，执行"路径查找器"→"联集"命令，将两个图形联集，效果如图 6-3-6b 所示。

（4）将绘制好的杯身放置到圆锥体上面，同时选中两个图形，单击鼠标右键执行"建立剪切蒙版"命令，如图 6-3-7 所示。

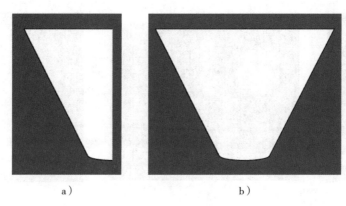

a） b）

图 6-3-6　绘制杯身

a）绘制半个杯子形状　b）完成效果

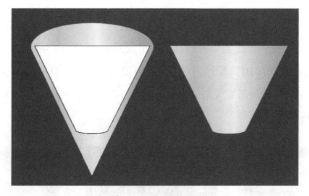

图 6-3-7　制作杯身立体感

（5）选中杯身，执行"效果"→"纹理"→"颗粒"命令，"颗粒"对话框如图 6-3-8a 所示，效果如图 6-3-8b 所示。

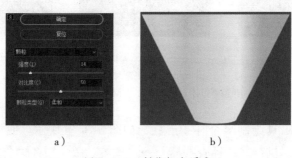

a） b）

图 6-3-8　制作杯身质感

a）"颗粒"对话框　b）完成效果

（6）使用钢笔工具绘制杯子高光，填充为 100% 白色到 0% 白色的线性渐变，如图 6-3-9a 所示。将绘制好的高光放到杯体上，效果如图 6-3-9b 所示。

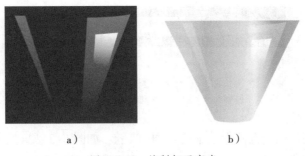

图 6-3-9　绘制杯子高光

a）绘制杯子高光　b）完成效果

（7）使用钢笔工具绘制杯子暗面，填充为灰色（C44，M36，Y34，K0），如图 6-3-10a 所示。使用网格工具为图形添加网格，红色框选的节点不透明度为 100%，其他节点不透明度为 0%，如图 6-3-10b 所示。选中暗面，执行"效果"→"艺术效果"→"胶片颗粒"命令，颗粒为 4，高光区域为 0，强度为 10，"胶片颗粒"对话框如图 6-3-10c 所示。完成后把杯子暗面放置到杯体上，效果如图 6-3-10d 所示。

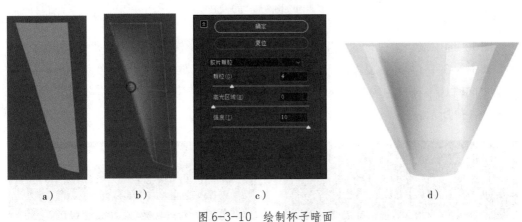

图 6-3-10　绘制杯子暗面

a）绘制杯子暗面　b）调整透明度　c）"胶片颗粒"对话框　d）完成效果

（8）使用椭圆工具绘制一个尺寸为 98 mm×7 mm 的椭圆形作为杯口，填充为灰色（C30，M23，Y22，K0）到浅灰色（C5，M4，Y5，K0）的线性渐变，如图 6-3-11a 所示。选中椭圆形，执行"对象"→"路径"→"偏移路径"命令，偏移数值为 -1，填充为浅灰色（C17，M13，Y13，K0）到灰色（C25，M20，Y20，K0）的线性渐变，如图 6-3-11b 所示。将两个图形组合到一起，效果如图 6-3-11c 所示。

a）　　　　　　　　　　　　　　　　b）

c）

图 6-3-11　绘制杯口轮廓

a）绘制杯口　b）制作偏移路径　c）完成效果

（9）复制绘制的两个椭圆形，描边粗细为 1 pt。如图 6-3-12a 所示。接着使用剪刀工具将其剪开，左半边填充白色描边，右半边填充灰色描边（C0，M0，Y0，K60），变量宽度配置文件设置为"宽度配置文件 1"，如图 6-3-12b 所示。

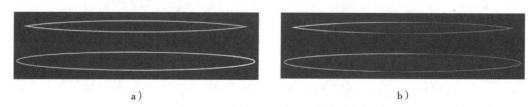

a）　　　　　　　　　　　　　　　　　　　　　　　b）

图 6-3-12　绘制杯口高光轮廓

a）复制两个椭圆形　b）完成效果

（10）选中线条，执行"效果"→"模糊"→"高斯模糊"命令，模糊数值为 4 像素，如图 6-3-13a 所示。复制上一步绘制好的杯口轮廓，放置在线条上面，如图 6-3-13b 所示。同时选中杯口轮廓与线条，单击鼠标右键执行"建立剪切蒙版"命令，效果如图 6-3-13c 所示。

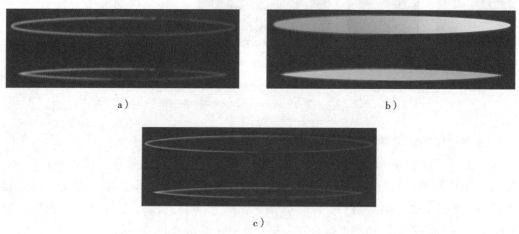

a）　　　　　　　　　　　　　　　　　　　　　　　b）

c）

图 6-3-13　绘制杯口高光阴影

a）进行模糊效果处理　b）复制杯口轮廓　c）完成效果

（11）将杯口轮廓与杯口高光阴影组合，如图 6-3-14a 所示。将杯口和杯身组合起来，效果如图 6-3-14b 所示。

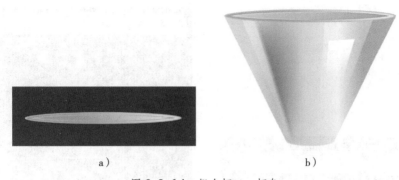

图 6-3-14 组合杯口、杯身
a）组合杯口轮廓与高光阴影 b）完成效果

（12）使用椭圆工具绘制一个尺寸为 75 mm×5 mm 的椭圆形，填充为灰色（C30，M23，Y22，K40）到浅灰色（C5，M4，Y5，K0）的径向渐变，如图 6-3-15a 所示。复制椭圆形，执行"效果"→"像素化"→"晶格化"命令，设置单元格大小为 10，"晶格化"面板如图 6-3-15b 所示。将椭圆形覆盖在晶格化后的椭圆形的上方，同时选中两个椭圆形，单击鼠标右键执行"建立剪切蒙版"命令，效果如图 6-3-15c 所示。

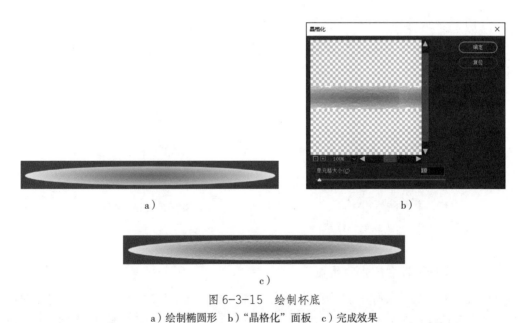

图 6-3-15 绘制杯底
a）绘制椭圆形 b）"晶格化"面板 c）完成效果

（13）使用椭圆工具绘制一个尺寸为 74 mm×5 mm 的椭圆形，填充为灰色（C24，M18，Y18，K0），放置于晶格化后的椭圆形下方，如图 6-3-16a 所示。使用钢笔工具将两个椭圆形中部空缺的部分连接起来，执行"路径查找器"→"联集"命令，再执行"效果"→"风格化"→"内发光"命令，为图形添加效果，设置模糊数值为 0.6 mm，"内发光"对话框如图 6-3-16b，效果如图 6-3-16c 所示。

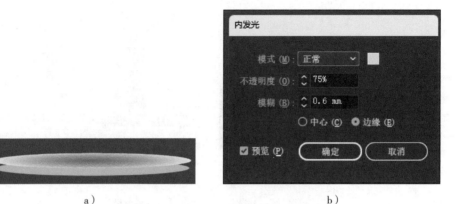

a） b）

c）

图 6-3-16　绘制杯底厚度
a）绘制椭圆形　b）"内发光"对话框　c）完成效果

（14）将完成的杯底和杯身组合，如图 6-3-17 所示。

（15）导入素材"杯把手素材 .ai"文件，将绘制好的杯体和杯把手组合，如图 6-3-18 所示。

图 6-3-17　组合杯底和杯身　　　　　图 6-3-18　组合杯体和杯把手

3. 制作咖啡礼盒广告宣传页

导入素材"背景素材 .jpg"文件，将任务 1 绘制的咖啡手冲壶、任务 2 绘制的咖啡分享壶以及刚刚绘制完成的咖啡过滤杯进行组合，调整大小和位置放入背景图中，如图 6-3-19 所示。

4. 保存文件

（1）执行"文件"→"存储为"命令，保存文件。

（2）执行"文件"→"导出"命令，导出文件，在"导出"对话框中勾选"使用画板"，导出的效果图如图 6-3-1 所示。

图 6-3-19　最终组合效果

项目七
招贴设计

　　招贴，也称海报。它采用平面设计艺术手法表现广告主题，是品牌形象和企业形象宣传的有效表现手法，能迅速吸引观众的注意力，引导人们去进行有关的活动，从而达到树立企业形象、推广促销产品的目的。

　　本项目通过制作音乐社纳新招贴、羽毛球社纳新招贴、诗社纳新招贴，介绍文字在招贴设计中的应用技巧，以期设计出精美的招贴设计作品。

任务 1　制作音乐社纳新招贴

　　1. 掌握文字工具的使用方法。

　　2. 掌握置入文本的方法。

　　3. 掌握"字符"面板、"段落"面板的使用方法。

　　4. 能设计制作音乐社纳新招贴。

本任务是一个招贴设计实例，通过制作图 7-1-1 所示的音乐社纳新招贴，学习文字工具、"字符"面板、"段落"面板的使用方法与技巧及置入文本的方法。

图 7-1-1　音乐社纳新招贴

一、创建文字

要创建文字，可使用多种不同类型的文字工具输入相应的文字，Illustrator 2021 中提供了七种不同类型的文字工具，包括文字工具、区域文字工具、路径文字工具、直排文字工具、直排区域文字工具、直排路径文字工具和修饰文字工具。输入文字后，还可通过"字符"面板设置相应的属性来调整文字的状态。按住工具箱中的"文字工具"按钮，可弹出文字工具组，如图 7-1-2 所示。

图 7-1-2　文字工具组

1. 文字工具

文字工具用于制作少量的点文字和大段文字，单击工具箱中的"文字工具"按钮 **T**，在页面中需要输入文字处单击，会自动出现一行文字，这行文字叫作占位符，方便我们观察文字输入后的效果，如图 7-1-3 所示。此时占位符处于被选中的状态，可在控制栏中设置文字颜色、字体、字号等效果，如图 7-1-4 所示。设置完文字效果后，按"Backspace"键可删除占位符，然后可以按照横排的方式，由左至右进行文字的输入。如需换行，按"Enter"键即可。文字输入完成后，按"Esc"键结束操作。

图 7-1-3　占位符

图 7-1-4　设置文字效果

2. 区域文字工具

区域文字工具用于在对象路径内创建文字，该路径必须是一个非复合、非蒙版的路径。使用该工具单击路径边缘位置或锚点，即可以该路径形状为限制在路径内输入文字。

3. 路径文字工具

使用路径文字工具可将文字沿开放或封闭的路径排列，通过使用该工具在路径上单击并输入文字，所输入的文字将自动沿路径的动向排列。

4. 直排文字工具

直排文字工具用于创建竖向的文字，文字由右向左垂直排列，其使用方法与文字工具一致，如图 7-1-5 所示。

5. 直排区域文字工具

直排区域文字工具用于在简单的路径内输入竖向的文字，其使用方法与区域文字工具一致，如图 7-1-6 所示。

6. 直排路径文字工具

直排路径文字工具用于在路径上输入竖向的文字，其使用方法与路径文字工具一致，如图 7-1-7 所示。

图 7-1-5　直排文字

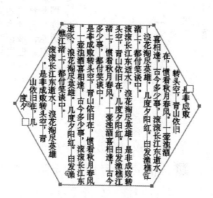

图 7-1-6　直排区域文字

图 7-1-7　直排路径文字

7. 修饰文字工具

修饰文字工具可以为纯文本创建美观而醒目的视觉效果。使用该工具可以在保持文字属性的状态下对单个字符快速实现移动、缩放或旋转等操作。

二、文字的分类

Illustrator 2021 的文字类型分为点文字、段落文字、路径文字和区域文字。不同类型的文字的创建方式和创建效果有所不同。点文字为独立的美术字；段落文字是限定在一定区域内的文字；路径文字是沿路径轮廓动向而创建的文字；区域文字是在一定限制性路径轮廓内应用的文字。

1. 点文字

点文字是最常见且应用简单的文字。使用文字工具或直排文字工具在页面中单击，确定插入点后即可直接创建点文字，如图 7-1-8 所示。点文字独立成行，不会自动换行，如需换行，按 "Enter" 键即可开始新的一行。

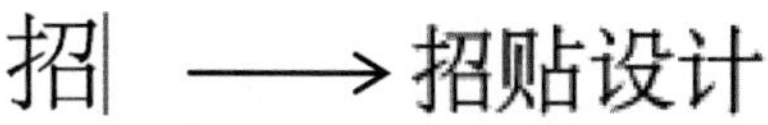

招 ⟶ 招贴设计

图 7-1-8　点文字

2. 段落文字

如需输入大段文字，使用文字工具或直排文字工具在页面中需要输入文字的位置按住鼠标左键拖动，出现一个矩形文本框，拖动至大小合适后松开鼠标，删除占位符后，此时文本框中出现文本插入点，输入文本即为段落文字，如图 7-1-9 所示。

段落文字会自动换行并根据文本框大小自动调整，如文本框右下角显示红色加号小方块，说明文本溢出文本框，如图 7-1-10 所示。可将鼠标置于文本框四角的控制点上，拖动调整文本框大小，直至显示被隐藏的文字。

3. 路径文字

使用路径文字工具或直排路径文字工具在路径线段上单击，即可以路径为基线创

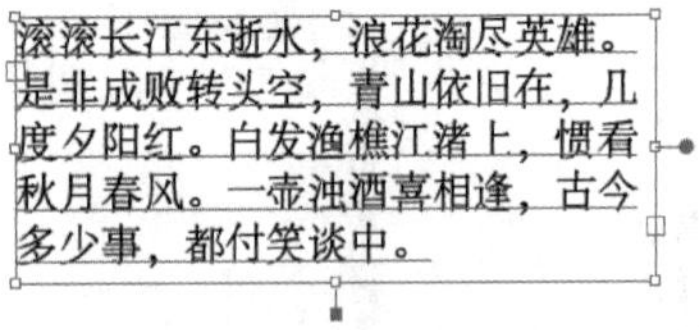

滚滚长江东逝水，浪花淘尽英雄。
是非成败转头空，青山依旧在，几
度夕阳红。白发渔樵江渚上，惯看
秋月春风。一壶浊酒喜相逢，古今
多少事，都付笑谈中。

图 7-1-9　段落文字

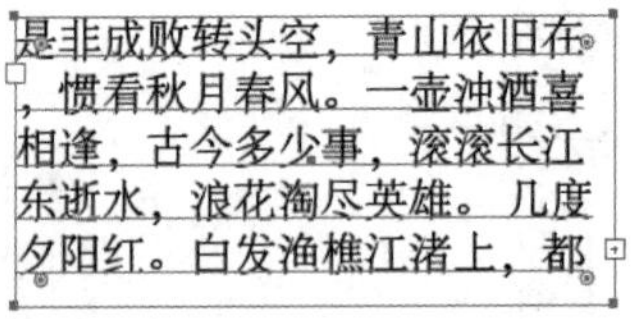

是非成败转头空，青山依旧在
，惯看秋月春风。一壶浊酒喜
相逢，古今多少事，滚滚长江
东逝水，浪花淘尽英雄。几度
夕阳红。白发渔樵江渚上，都

图 7-1-10　文本溢出文本框

建路径文字。

具体创建方法为：绘制一段路径，按住工具箱中的“文字工具”按钮，从弹出的工具组中选择“路径文字工具”，将鼠标指针移动至路径上，直至其变为形状后单击，会出现占位符，即可对文字进行调整，如图 7-1-11 所示。如需设置路径文字效果，选择路径文字对象，执行“文字”→“路径文字”→“路径文件选项”命令，在弹出的“路径文字选项”对话框中，单击效果下拉箭头，在下拉列表中选择适合的效果，单击“确定”即可，如图 7-1-12 所示。

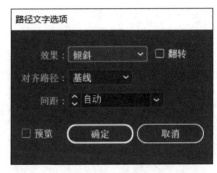

是非成败转头空

图 7-1-11　路径文字

路径文字选项
效果：倾斜
翻转
对齐路径：基线
间距：自动
预览
确定
取消

图 7-1-12　“路径文字选项”对话框

4. 区域文字

区域文字是在特定区域内创建的文字，其外框可以是任何形状。通过使用区域文字工具或直排区域文字工具在开放或闭合的路径内单击，可在该区域内输入文字以创建区域文字，如图 7-1-13 所示。选择文字，执行“文字”→“区域文字选项”命令，即可弹出“区域文字选项”对话框，在该对话框中可以进行相应的设置，如宽度、高度、数量、跨距、位移等，如图 7-1-14 所示。需要注意的是，区域文字与段落文字虽效果类似，但段落文字只能在文本框内编辑，而区域文字的边框形状是任意的。

“区域文字选项”对话框中，“宽度”与“高度”可调整文本区域大小；“行”与“列”中的数量可调整区域文字的行数与列数；“内边距”可更改文本区域的边距；“首行基线”可调整第一行文本与对象顶部的对齐方式；在“最小值”数值框中输入数值，可设定基线位移的最小值；选项中的“文本排列”可设置文本的阅读顺序。

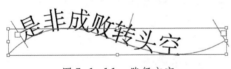

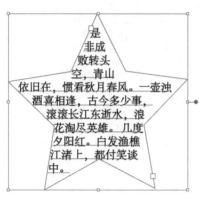

图 7-1-13　区域文字

图 7-1-14　"区域文字选项"对话框

三、导入和导出文本

1. 置入文本

在 Illustrator 2021 中除了可以使用文字工具输入文字外，还可以将其他文字编辑软件中的文字复制过来。方法是在文字编辑软件中复制所需文字，执行"编辑"→"复制"命令，复制文字，然后切换到 Illustrator 2021 文档中，执行"编辑"→"粘贴"命令，即可将文字粘贴到页面中。

还可以通过执行"文件"→"置入"命令，打开"置入"对话框，在对话框中选择要置入的文档，如图 7-1-15 所示。单击"置入"按钮，弹出"Microsoft Word 选项"

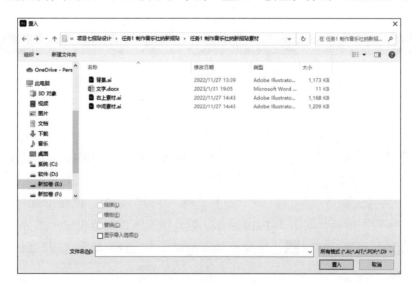

图 7-1-15　"置入"对话框

对话框，如图 7-1-16 所示。单击"确定"按钮，即可将所需文档置入 Illustrator 2021 文档中，如图 7-1-17 所示。

图 7-1-16　"Microsoft Word 选项"对话框

图 7-1-17　置入 Word 文档

2. 导出文本

Illustrator 2021 中的文本也可以导出，作为单独的文本文件存储。用户可以选择要导出的文本，执行"文件"→"导出"→"导出为"命令，弹出"导出"对话框，选择文件保存位置并输入文件名，在"保存类型"下拉列表中选择"文本格式（*.TXT）"，单击"导出"按钮，即可导出文本。

四、设置字符格式

1. 文字工具属性栏

对于较为简单的文字属性设置，可以在文字工具属性栏中直接修改，如图 7-1-18 所示。

图 7-1-18　文字工具属性栏

2. "字符"面板

"字符"面板用于更改字符属性，对字符格式进行精确设置，包括文字的字体、字号大小、字体颜色、行距、间距、水平缩放、垂直缩放、基线偏移、下划线和删除线等字符属性。对应用后的字符属性，"字符"面板会将其记录，以便下一次输入文字时使用同样的属性。执行"窗口"→"文字"→"字符"命令，或按"Ctrl + T"组合键，打开"字符"面板，如图 7-1-19 所示。默认情况下该面板仅显示部分选项，单击面板右上角的扩展菜单按钮█，在弹出的下拉列表中选择"显示选项"命令，即可显示全部选项。

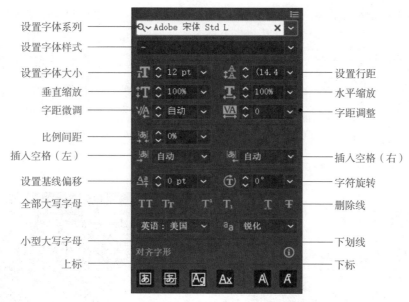

图 7-1-19　"字符"面板

五、"段落"面板

"段落"面板用于设置文本段落的属性，包括对齐方式、左右缩进、连字和段间距等属性。执行"窗口"→"文字"→"段落"命令，或按"Alt + Ctrl + T"组合键，打开"段落"面板，如图 7-1-20 所示。

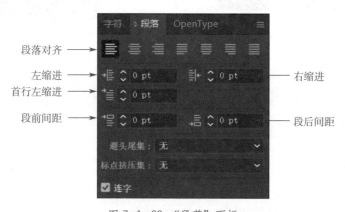

图 7-1-20　"段落"面板

1. 新建 Illustrator 文档

执行"文件"→"新建"命令，在"新建文档"对话框中的"预设详细信息"选项中输入"音乐社纳新招贴"，设置文档大小为"A4"，方向为"纵向"，颜色模式为"CMYK 颜色"模式，光栅效果为"高（300 ppi）"，然后单击"创建"按钮。

2. 制作背景与文字

（1）打开素材"背景.ai"文件，放置在画板中心，如图 7-1-21 所示。

（2）使用文字工具输入文字"音乐社纳新"，执行"窗口"→"文字"→"字符"命令，设置字体系列为"DOUYU Font"，字体大小为 70 pt，行距为 75 pt，"字符"面板如图 7-1-22 所示。

图 7-1-21　导入背景素材

图 7-1-22　"字符"面板

（3）执行"窗口"→"文字"→"段落"命令，单击右对齐，"段落"面板如图 7-1-23 所示。文字填充为淡黄色（C5，M5，Y25，K0），放置在合适位置，如图 7-1-24 所示。

（4）使用文字工具输入文字"唱吧青春"，在"字符"面板中设置字体系列为"DOUYU Font"，字体大小为 33 pt，填充为淡黄色（C5，M5，Y25，K0），放置在合适位置，如图 7-1-25 所示。

（5）使用椭圆工具绘制尺寸为 31 mm×29 mm、30 mm×28 mm、25 mm×24 mm 的椭圆形，分别填充为黑色、淡黄色（C5，M5，Y25，K0）、红色（C0，M90，Y100，K0），如图 7-1-26 所示。

（6）使用矩形工具绘制四个宽度为 0.6 mm、高度为 64 mm 的矩形，填充为淡黄色（C5，M5，Y25，K0），平均分布在椭圆形上，如图 7-1-27 所示。将矩形与椭圆形编组，放置在合适位置，如图 7-1-28 所示。

图 7-1-23　"段落"面板

图 7-1-24　制作标题文字

图 7-1-25　制作副标题文字

图 7-1-26　绘制椭圆形

图 7-1-27　绘制四个矩形

图 7-1-28　矩形和椭圆形
组合放置

（7）使用钢笔工具绘制线段，如图 7-1-29 所示，描边粗细为 2 pt，描边颜色为淡黄色（C5，M5，Y25，K0），放置在合适位置，如图 7-1-30 所示。

（8）使用钢笔工具绘制音符，填充为淡黄色（C5，M5，Y25，K0），放置在绘制好的线段上，如图 7-1-31 所示。

（9）使用矩形工具绘制一个宽度为 50 mm、高度为 15 mm 的矩形，再使用区域文字工具单击矩形的锚点，创建区域文字。打开素材"文字 .docx"文件，复制对应文字粘贴到区域文字内，填充为淡黄色（C5，M5，Y25，K0）。在"字符"面板中设置字体系列为"思源黑体"，字体大小为 12 pt。在"段落"面板中设置对齐方式为"右对齐"，放置在合适位置，如图 7-1-32 所示。

图 7-1-29　绘制线段

图 7-1-30　线段放置位置

图 7-1-31　绘制音符

图 7-1-32　创建底端区域文字

（10）使用矩形工具绘制一个宽度为 75 mm、高度为 20 mm 的矩形，再使用区域文字工具单击矩形的锚点，创建区域文字，打开素材"文字 .docx"文件，复制对应文字粘贴到区域文字内，填充为淡黄色（C5，M5，Y25，K0）。在"字符"面板中设置字体系列为"思源黑体"，设置第一行的字体大小为 20 pt，其他字体大小为 12 pt。在"段落"面板中设置对齐方式为"左对齐"，放置在合适位置，如图 7-1-33 所示。

（11）使用椭圆工具分别绘制尺寸为 2.5 mm×2.5 mm、30 mm×30 mm、55 mm×55 mm 的圆形，分别填充为淡黄色（C5，M5，Y25，K0）、黑色、淡黄色（C5，M5，Y25，K0），放置在合适位置，如图 7-1-34 所示。

（12）打开素材"中间素材 .ai"和"右上素材 .ai"文件，放置在合适位置，如图 7-1-35 所示。

（13）使用矩形工具绘制一个宽度为 75 mm、高度为 20 mm 的矩形，再使用区域文字工具单击矩形的锚点，创建区域文字，打开素材"文字 .docx"文件，复制对应文字粘贴到区域文字内，填充为黑色。在"字符"面板中设置字体系列为"思源黑体"，设置第一行的字体大小为 20 pt，其他字体大小为 12 pt。在"段落"面板中设置对齐方式为"左对齐"，放置在合适位置，如图 7-1-36 所示。

图 7-1-33 创建左侧区域文字

图 7-1-34 制作同心圆

图 7-1-35 导入素材

图 7-1-36 创建顶端区域文字

3. 保存并导出文件

（1）执行"文件"→"存储为"命令，保存文件。

（2）执行"文件"→"导出"→"导出为"命令，导出文件，在"导出"对话框中勾选"使用画板"，导出的效果图如图 7-1-1 所示。

任务 2　制作羽毛球社纳新招贴

1. 掌握文字绕排命令的使用方法。
2. 掌握制表符的使用方法。
3. 能熟练使用串接文本。
4. 能设计制作羽毛球社纳新招贴。

　　本任务是一个招贴设计实例，通过设计制作图 7-2-1 所示的羽毛球社纳新招贴，学习文字绕排以及串接文字的方法和技巧。要完成本任务，还需要能熟练应用滤镜技术，以期设计出的招贴能吸引消费者。

图 7-2-1　羽毛球社纳新招贴

一、创建文本绕排

文本绕排可以创建出精美的图文混排效果。在区域文字的上方适当的位置上放置图形，选中图形，执行"对象"→"文本绕排"→"建立"命令，即可创建文本绕排效果，如图 7-2-2 所示。

要调整文本绕排效果，可执行"对象"→"文本绕排"→"文本绕排选项"命令，在"文本绕排选项"对话框中设置位移数值，修改文本与绕排对象的距离，"文本绕排选项"对话框如图 7-2-3 所示。

图 7-2-2　文本绕排　　　　　　　图 7-2-3　"文本绕排选项"对话框

二、串接文本

创建段落文本或路径文本时，如果文字溢出文本框，或是想要将两个独立的文本串联，可以使用串接本文。串接文本就是调整区域大小将溢出文本显示出来，或将文本从当前区域串接到另一个区域。串接文本的使用可以方便用户统一管理文字的布局。

1. 溢出文本串接

当文本溢出时，文本框右下角会出现红色加号小方块，此时使用选择工具在红色加号小方块上单击，如图 7-2-4 所示，当鼠标指针变成 形状，接着在页面空白区域单击，即可将溢出文本串接到与原文本框大小相同的区域内，这两个文本框就自动串接起来了，如图 7-2-5 所示。

2. 独立文本串接

在设计需要将两个独立文本进行串接时，可以同时选中两个文本，执行"文字"→"串接文本"→"创建"命令即可，如图 7-2-6 所示。

滚滚长江东逝水，浪花淘尽英雄。是非成败转头空。青山依旧在，几度夕阳红。白发渔樵江渚上，惯

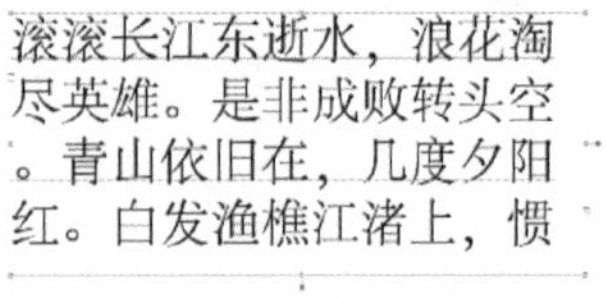

图 7-2-4　文本溢出

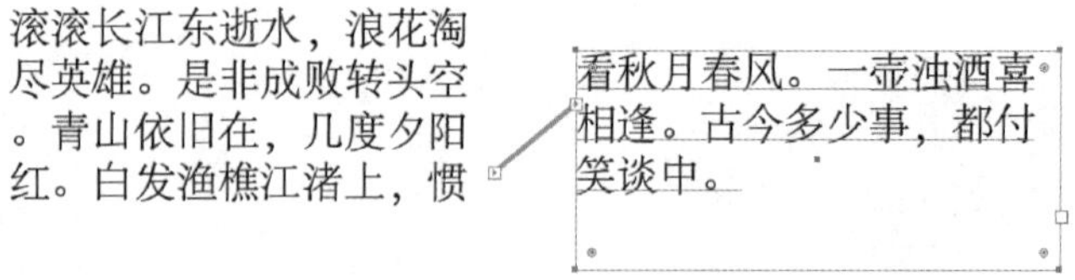

滚滚长江东逝水，浪花淘尽英雄。是非成败转头空。青山依旧在，几度夕阳红。白发渔樵江渚上，惯

看秋月春风。一壶浊酒喜相逢。古今多少事，都付笑谈中。

图 7-2-5　溢出文本串接

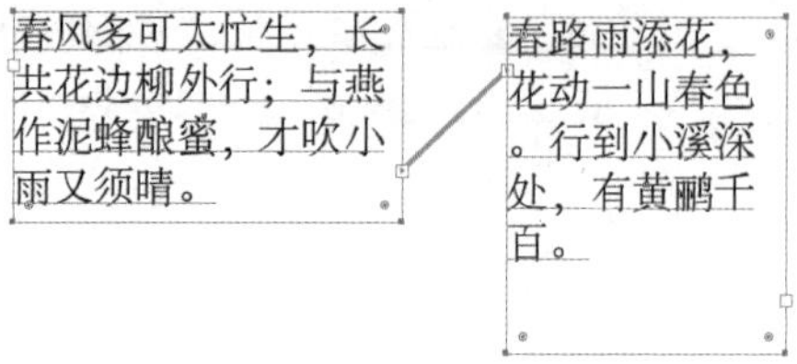

春风多可太忙生，长共花边柳外行；与燕作泥蜂酿蜜，才吹小雨又须晴。

春路雨添花，花动一山春色。行到小溪深处，有黄鹂千百。

图 7-2-6　独立文本串接

3. 释放串接文本

如果不想让两个本文串接，使文本集中在一个文本框内，就需要在文本串接的状态下，选中其中一个文本框来释放串接文本。执行"文字"→"串接文本"→"释放所选文字"命令，选中的文本框就会释放文本串接，如图 7-2-7 所示。按"Delete"键，可以删除不需要的文本框。

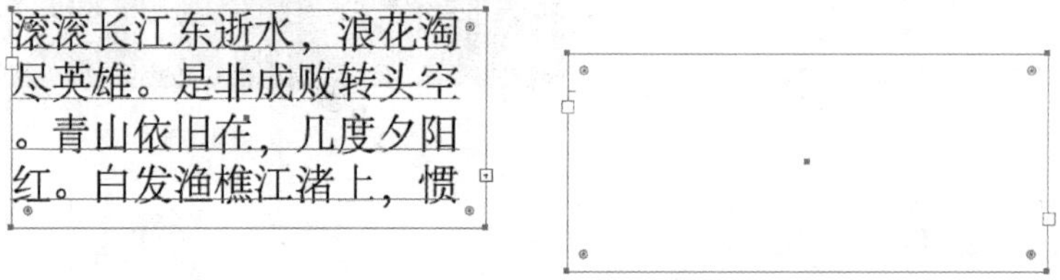

滚滚长江东逝水，浪花淘尽英雄。是非成败转头空。青山依旧在，几度夕阳红。白发渔樵江渚上，惯

图 7-2-7　释放串接文本

4. 移去串接文本

如果不想让两个本文串接，使其恢复独立状态且每个文本框位置不变，可选中其中一个文本框，执行"文字"→"串接文本"→"移去串接文字"命令即可，如图 7-2-8 所示。

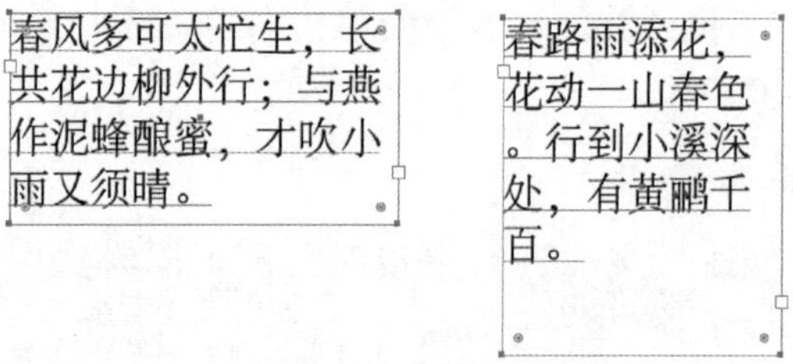

春风多可太忙生，长共花边柳外行；与燕作泥蜂酿蜜，才吹小雨又须晴。

春路雨添花，花动一山春色。行到小溪深处，有黄鹂千百。

图 7-2-8　移去串接文本

三、"制表符"面板

制表符主要用来设置段落或文字对象的制表位。执行"窗口"→"文字"→"制表符"命令，即可打开"制表符"面板，如图 7-2-9 所示。

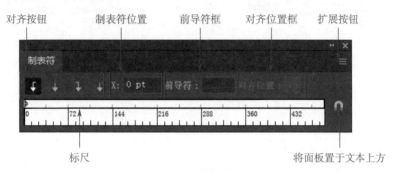

图 7-2-9　"制表符"面板

1．设置制表符

制表符定位点可应用于整个段落。在段落中插入鼠标指针，或选择要为对象中所有段落设置制表符定位点的文字对象。在"制表符"面板中，单击一个制表符对齐按钮，可指定如何相对于制表符位置来对齐文本。

左对齐制表符 ：靠左对齐横排文本，右边距可因长度不同而参差不齐。

居中对齐制表符 ：按制表符标记居中对齐文本。

右对齐制表符 ：靠右对齐横排文本，左边距可因长度不同而参差不齐。

小数点对齐制表符 ：将文本与指定字符（例如句号或货币符号）对齐放置。在创建数字列时，此选择尤为有用。

若要更改任何制表符的对齐方式，只需选择一个制表符，并单击这些按钮中的任意一个即可。

2．设置首行缩进 / 悬挂缩进

使用文字工具单击需要缩进的段落文本，拖动首行缩进图标 ，可进行首行缩进文本，如图 7-2-10 所示。

拖动悬挂缩进图标 ，可缩进除第一行外的所有文本，如图 7-2-11 所示。

四、矩形网格工具

矩形网格工具位于线条工具组中。按住工具箱中的"直线段工具"按钮 ，可从弹出的工具组中选择矩形网格工具。

使用矩形网格工具可以绘制特定参数的矩形网格。单击"矩形网格工具"按钮，在画板中按住鼠标左键不放并拖动鼠标到需要的位置，松开鼠标，即可绘制矩形网格，

图 7-2-10　首行缩进　　　　　　　　　　　　　图 7-2-11　悬挂缩进

如图 7-2-12a 所示。使用选择工具选中矩形网格，可以在控制栏中更改填充颜色或描边颜色，如图 7-2-12b 所示。

　　想要绘制指定参数的矩形网格，可以单击工具箱中的"矩形网格工具"按钮，在需要绘制矩形网格的位置单击，在弹出的"矩形网格工具选项"对话框中进行相应的设置，如图 7-2-13 所示。单击"确定"按钮，即可得到精确尺寸的矩形网格。

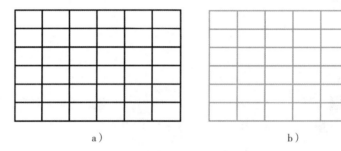

a）　　　　　　　　　　　　　　　　　b）

图 7-2-12　绘制矩形网格

a）绘制矩形网格　　b）更改填充颜色或描边颜色

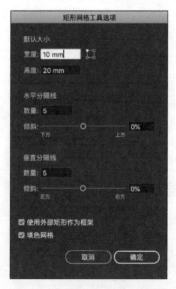

图 7-2-13　"矩形网格工具选项"对话框

默认大小：在"宽度"和"高度"文本框中分别输入数值，可以定义矩形网格的宽度和高度。单击"定位器"按钮上的定位点，可以定位绘制网格时起始点的位置。

水平分隔线：在"数量"文本框中输入数值，可以定义矩形网格内横线的数量，即行数。"倾斜"表示行的位置，数值为0%时，水平分隔线的间距相同；数值大于0%时，网格的间距由上到下逐渐变窄；数值小于0%时，网格的间距由下到上逐渐变窄。

垂直分隔线：在"数量"文本框中输入数值，可以定义矩形网格内竖线的数量，即列数。"倾斜"表示列的位置，数值为0%时，垂直分隔线的间距相同；数值大于0%时，网格的间距由左到右逐渐变窄；数值小于0%时，网格的间距由右到左逐渐变窄。

使用外部矩形作为框架：选中该复选框，可使矩形成为网格的框架；反之，将成为没有外边缘的矩形框架。

填色网格：选中该复选框，将使用当前的填充颜色来填充所绘网格。

小贴士

按住鼠标左键拖动时按住"Shift"键，可以创建正方形网格；按住"Alt"键，可以创建由鼠标单击点为中心向外延伸的矩形网格。

1. 新建 Illustrator 文档

执行"文件"→"新建"命令，在"新建文档"对话框中的"预设详细信息"选项中输入"羽毛球社纳新招贴"，设置文档大小为"A4"，方向为"纵向"，颜色模式为"CMYK 颜色"模式，光栅效果为"高（300 ppi）"，然后单击"创建"按钮。

2. 绘制背景

使用矩形工具绘制和画板相同大小的矩形。打开"渐变"面板，选择"线性渐变"类型，设置渐变滑块的位置从左到右依次为0%、100%，色值分别为绿色（C67，M10，Y100，K0）和深绿色（C82，M20，Y100，K0），"渐变"面板如图7-2-14a所示。按"Ctrl+2"组合键锁定背景，效果如图7-2-14b所示。

a）　　　　　　　　　　　　　　　　　　　b）

图 7-2-14　绘制背景

a）"渐变"面板　b）完成效果

操作演示

3. 绘制网状与地面

（1）使用矩形网格工具在页面中单击，弹出"矩形网格工具选项"对话框，设置宽度为 210 mm，高度为 45 mm，水平分割线数量为 10，垂直分割线数量为 24，单击"确定"按钮，"矩形网格工具选项"对话框如图 7-2-15a 所示，效果如图 7-2-15b 所示。

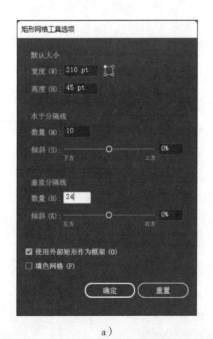

a）　　　　　　　　　　　　　　　　　　　b）

图 7-2-15　制作矩形网格

a）"矩形网格工具选项"对话框　b）完成效果

（2）选中矩形网格，设置描边颜色为白色，描边粗细为 0.25 pt，单击鼠标右键执行"取消编组"命令。选中外框，将外框描边粗细设置为 6 pt。框选全部网格，再次编组，不透明度设置为 40%，效果如图 7-2-16 所示。

图 7-2-16　矩形网格效果

（3）选中编组后的矩形网格，执行"对象"→"封套扭曲"→"用变形建立"命令，设置样式为"弧形"，弯曲为 –58%，水平为 –42%，单击"确定"按钮。对矩形网格进行拉伸旋转调整和移动位置，如图 7-2-17 所示。

（4）使用钢笔工具绘制白色图形，如图 7-2-18 所示。

图 7-2-17　变换矩形网格

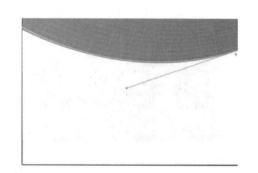

图 7-2-18　绘制白色图形

（5）打开"渐变"面板，选择"线性渐变"类型，设置渐变滑块的位置从左到右依次为 0%、100%，色值分别为橘红（C0，M80，Y80，K0）和大红（C25，M90，Y85，K0），"渐变"面板如图 7-2-19 所示。单击工具箱中的"渐变工具"，调整渐变角度，效果如图 7-2-20 所示。

4. 导入素材

打开素材"英文 .ai"和"球拍与羽毛球素材 .ai"文件，放置到适当位置，如图 7-2-21 所示。

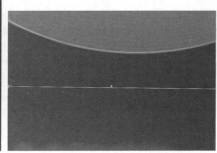

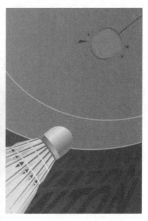

图 7-2-19 "渐变"面板　　　　图 7-2-20 渐变效果　　　　图 7-2-21 导入素材

5．制作标题文字

（1）使用文字工具输入文字"羽毛球"，设置字体为"思源黑体 Bold"，填充为黑色，字体大小为 121 pt。继续输入文字"社团纳新"，字体为"思源黑体 Bold"，填充为黑色，字体大小为 54 pt。再次输入文字"SHE TUAN NA XIN"，字体为"思源黑体Bold"，填充为白色，字体大小为 46.5 pt，如图 7-2-22a 所示。使用矩形工具绘制一个宽度为 174 mm、高度为 22.5 mm 的黑色矩形，选中矩形，执行→"排列"→"置于底层"命令，将矩形放置于英文下方。选中所有文字并编组，效果如图 7-2-22b 所示。

a）

b）

图 7-2-22　文字排版

a）输入文字　b）完成效果

（2）选中所有标题文字，执行"对象"→"扩展"命令，如图 7-2-23 所示。接着执行"对象"→"复合路径"→"建立"命令，如图 7-2-24 所示。

图 7-2-23　扩展图形　　　　　　　　图 7-2-24　建立复合路径

（3）选中所有标题文字，执行"对象"→"封套扭曲"→"用变形建立"命令，设置样式为"弧形"，弯曲为 –56%，水平为 –20%，"变形选项"对话框如图 7-2-25 所示，效果如图 7-2-26 所示。

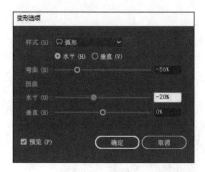

图 7-2-25 "变形选项"对话框

图 7-2-26 变形效果

（4）选中弯曲对象，使用直接选择工具选中图 7-2-27 所示的锚点，按"Delete"键删除锚点，效果如图 7-2-28 所示。

图 7-2-27 删除变形锚点

图 7-2-28 删除锚点效果

（5）选中弯曲对象，使用直接选择工具分别选择四个角上的锚点，进行扭曲调整，如图 7-2-29 所示。执行"对象"→"扩展"命令，如图 7-2-30 所示。

图 7-2-29 调整锚点

图 7-2-30 扩展图形

（6）打开"渐变"面板，选择"线性渐变"类型，设置渐变滑块的位置从左到右依次为0%、100%，色值分别为绿色（C60，M0，Y90，K0）和深绿色（C92，M30，Y90，K47），"渐变"面板如图7-2-31所示。单击工具箱中的"渐变工具"，调整渐变角度，效果如图7-2-32所示。

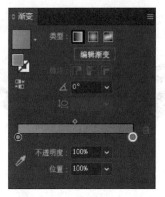

图 7-2-31 "渐变"面板

图 7-2-32 渐变效果

（7）选中并向下复制标题文字，填充为黄绿色（C25，M0，Y65，K0）。将复制的标题文字向左上方移动，如图7-2-33所示。

（8）再次选中并向下复制标题文字，填充为深绿色（C90，M65，Y100，K50）。将复制的标题文字向右下方移动，如图7-2-34所示。选中所有文字，按"Ctrl+G"键进行编组。

（9）选中标题文字组，放置到招贴的合适位置，如图7-2-35所示。

图 7-2-33 制作高光

图 7-2-34 制作阴影

图 7-2-35 将标题文字放入招贴

6. 制作内文

（1）使用矩形工具绘制一个高度为 21 mm、宽度为 32 mm 的矩形，再使用区域文字工具单击矩形的锚点，创建区域文字。打开素材"文本 1.docx"文件，复制文字粘贴到区域文字内，字体设置为"思源黑体 Normal"，字体大小为 8.6 pt，设置行距为 15.5 pt，填充为不透明度为 70% 的白色，如图 7-2-36 所示。

图 7-2-36　创建区域文字

（2）由于文本没有完全显示，使用选择工具在文字边框的红色加号小方块上单击，当鼠标指针变成 形状，接着在右侧页面空白区域单击，将溢出文本串接到与原文本框大小相同的区域内，使两个文本框自动串接起来，如图 7-2-37 所示。

图 7-2-37　串接文本

（3）打开素材"小羽毛球 .ai"文件，复制到当前文档的上方，按住"Shift"键同时选中串接文本与小羽毛球，执行"对象"→"文本绕排"→"建立"命令，如图 7-2-38 所示。

（4）打开素材"文本 2.docx"文件，设置字体为"思源黑体 Normal"，字体大小为 9.7 pt，设置行距为 12.5 pt，填充为不透明度为 90% 的白色，放置到招贴底部，如图 7-2-39 所示。

图 7-2-38　文本绕排

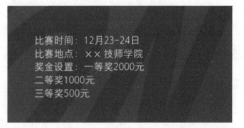

图 7-2-39　制作右下角文字

（5）选择文字工具，鼠标在图 7-2-40a 所示的标注部分单击，分别在标注文本前方按"Tab"键，效果如图 7-2-40b 所示。

（6）选中文本，执行"窗口"→"文字"→"制表符"命令，单击"制表符"面板上的图标 ⌐，在图 7-2-41 所示红色箭头的位置单击，出现小箭头后拖动小箭头到 16 mm 的位置。

a）

b）

图 7-2-40　调整文字位置

a）"Tab"键调整文字　b）完成效果

图 7-2-41　使用制表符调整文字位置

7. 绘制表格

（1）使用矩形网格工具在页面中单击，弹出"矩形网格工具选项"对话框，设置宽度为 44.5 mm，高度为 23 mm，水平分隔线数量为 4，垂直分隔线数量为 1，倾斜数值设为 –45%，单击"确定"按钮，"矩形网格工具选项"对话框如图 7-2-42 所示。不透明度设置为 60%，如图 7-2-43 所示。

（2）打开素材"二维码 .ai"文件，复制到当前文档中，如图 7-2-44 所示。

8. 导入底纹素材

打开素材"底纹 .jpg"文件，复制到当前文档中，按"Ctrl+2"组合键锁定底纹。选择标题文字，执行"排列"→"置于顶层"命令，效果如图 7-2-45 所示。

9. 保存并导出文件

（1）执行"文件"→"存储为"命令，保存文件。

（2）执行"文件"→"导出"→"导出为"命令，导出文件，在"导出"对话框中勾选"使用画板"，导出的效果图如图 7-2-1 所示。

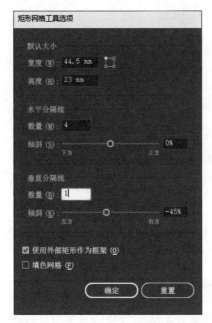

图 7-2-42　"矩形网格工具选项"对话框

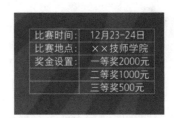

图 7-2-43　绘制表格

图 7-2-44　导入二维码素材

图 7-2-45　羽毛球社纳新招贴最终效果

任务 3　制作诗社纳新招贴

1. 会使用"字形"面板插入特殊字符。
2. 能修饰文本、创建轮廓。
3. 能制作文本蒙版。
4. 掌握字符样式和段落样式的使用方法。
5. 能设计制作诗社纳新招贴。

本任务是一个招贴设计实例，通过设计制作图 7-3-1 所示的诗社纳新招贴，学习"字形"面板的使用方法，掌握图形样式和文本蒙版的应用技巧以及字符样式和段落样式的使用方法。要完成本任务，需具备一定的字体设计构思能力。

图 7-3-1　诗社纳新招贴

一、"字形"面板

平面设计中有时会使用特殊字符，用户可通过"字形"面板选择所需的特殊字符，并插入文档中。方法是选择文字工具在页面中单击，确定插入点位置，然后执行"文字"→"字形"命令，或者执行"窗口"→"文字"→"字形"命令，打开"字形"面板，如图 7-3-2 所示。在"字形"面板中选择需要的字符并双击，所选字符即可插入页面中。

二、修饰文本

1. 应用图形样式修饰文本

在平面设计中，文本的修饰是比较常用的方法，通过 Illustrator 2021 可制作出美轮美奂的艺术文字。

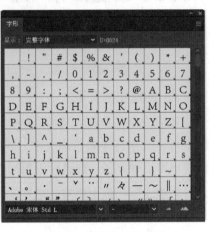

图 7-3-2　"字形"面板

除了可以使用修饰文字工具修饰文本外，还可以选中要修饰的文本，执行"窗口"→"图形样式"命令，打开"图形样式"面板选择图形样式来修饰文本，"图形样式"面板如图 7-3-3 所示。单击"图形样式"面板左下角的"图形样式库菜单"按钮，弹出图形样式菜单，如图 7-3-4 所示，用户可从中选择需要的样式来修饰文本。

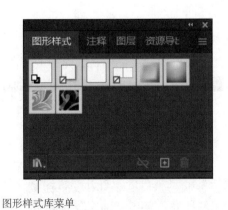

图形样式库菜单

图 7-3-3　"图形样式"面板

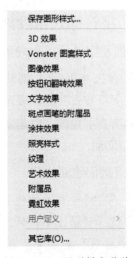

图 7-3-4　图形样式菜单

2．制作文本蒙版

Illustrator 2021 中通过将文本对象作为剪切路径来建立剪切蒙版的方法，可制作出丰富多彩的文字效果，文本蒙版效果如图 7-3-5 所示。

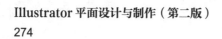

图 7-3-5　文本蒙版效果

三、文字编辑

1．创建轮廓文字

选中文字，执行"文字"→"创建轮廓"命令，或使用"Ctrl + Shift + O"组合键，可将文字转换为轮廓文字。轮廓文字即文字图形，此时文字失去了文字固有的属性，但可以像路径一样进行编辑操作。

轮廓文字仍保留原有的填充和描边属性，可以渐变填充或变形文字，效果如图 7-3-6 所示。

图 7-3-6　创建轮廓文字效果

2．更改大小写

执行"文字"→"更改大小写"命令，可在弹出的子菜单中根据设计需要执行"大写""小写""词首大写""句首大写"等命令，从而可更改英文文档中的字母大小写的方式。

3．更改文字方向

执行"文字"→"文字方向"→"垂直"命令，即可将横排文字的方向改为直排。执行"文字"→"文字方向"→"水平"命令，即可将直排文字的方向改为横排。

四、字符样式和段落样式

1．创建字符样式和段落样式

在现有文本基础上创建新样式，可以先选择文本，然后执行"窗口"→"文字"→"字符样式"或"段落样式"命令，在弹出的"字符样式"面板或"段落样式"面板中单击右下角的"创建新样式"按钮▣，此时面板中就出现了一种新的样式，如图 7-3-7 所示。

2．直接创建新样式

单击"字符样式"面板或"段落样式"面板右上角的扩展按钮▤，在弹出的下拉菜单中选择"新建字符样式"或"新建段落样式"命令，打开"新建字符样式"或"新建段落样式"对话框，在其中输入样式名称后，单击"确定"按钮即可创建新样式，如图 7-3-8 所示。

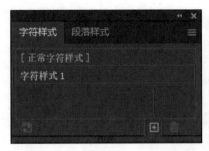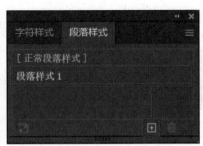

图 7-3-7　"字符样式"面板和"段落样式"面板

图 7-3-8　"新建字符样式"对话框和"新建段落样式"对话框

3. 字符样式和段落样式属性设置

双击新增的字符样式，在弹出的"字符样式选项"对话框中可以对字符格式、字符颜色等进行一系列设置，如图 7-3-9 所示。

图 7-3-9　"字符样式选项"对话框

4. 应用新定义样式

如果要为某个文字对象应用新定义的字符样式或段落样式，可以选中该文字对象，然后在"字符样式"面板或"段落样式"面板中选择所需样式，文字对象即可出现相应的文字样式或段落样式。

1. 新建 Illustrator 文档

执行"文件"→"新建"命令，在"新建文档"对话框中的"预设详细信息"选项中输入"清涟诗社纳新招贴"，设置文档宽度为 297 mm、高度为 420 mm，方向为"纵向"，颜色模式为"CMYK 颜色"模式，光栅效果为"高（300 ppi）"，然后单击"创建"按钮。

2. 绘制海报背景

（1）使用矩形工具绘制与页面相同大小的矩形，接着使用渐变工具填充为白色到淡绿色（C32，M11，Y16，K13）再到灰绿色（C51，M22，Y28，K52）的径向渐变，设置长宽比为 83%，"渐变"面板如图 7-3-10a 所示。调整椭圆框的大小和渐变角度，如图 7-3-10b 所示，效果如图 7-3-10c 所示。

a）   b）   c）

图 7-3-10　绘制渐变背景

a）"渐变"面板　b）调整渐变效果　c）完成效果

（2）导入素材"背景文字.png"文件，如图 7-3-11a 所示。执行"窗口"→"透明度"命令，打开"透明度"面板，混合模式选择"柔光"，"透明度"面板如图 7-3-11b 所示。将素材放置到渐变背景上面，效果如图 7-3-11c 所示。选中渐变背景与背景文字，按"Ctrl+2"组合键锁定图层。

a）　　　　　　　　　　b）　　　　　　　　　　c）

图 7-3-11　导入背景文字素材
a）导入素材　b）"透明度"面板　c）完成效果

3. 绘制山脉和飞鸟

（1）使用钢笔工具绘制山脉，如图 7-3-12a 所示。填充为灰绿色（C63，M26，Y37，K0）到淡绿色（C34，M10，Y18，K0）的纵向线性渐变，灰绿色的不透明度调整为 100%，淡绿色的不透明度调整为 0%，"渐变"面板如图 7-3-12b 所示，效果如图 7-3-12c 所示。

a）　　　　　　　　　　b）　　　　　　　　　　c）

图 7-3-12　绘制山脉
a）绘制山脉　b）"渐变"面板　c）完成效果

（2）使用钢笔工具绘制飞鸟，描边粗细为 4 pt，在控制栏中调整变量宽度配置文件为"宽度配置文件 1"，描边颜色填充为灰绿色（C51，M23，Y29，K52）。复制两只飞鸟并调整大小，如图 7-3-13 所示。

（3）将绘制好的山脉、飞鸟与背景组合，如图 7-3-14 所示。

图 7-3-13　绘制飞鸟　　　　　　　　图 7-3-14　组合画面

4．绘制船和水波纹

（1）使用钢笔工具绘制船身和船顶，如图 7-3-15a 所示。船身填充为灰绿色（C62，M37，Y41，K0）到淡绿色（C47，M26，Y30，K0）的纵向线性渐变，如图 7-3-15b 所示。船身中间部分填充为灰绿色（C62，M38，Y42，K0），船头部分填充为浅绿色（C30，M8，Y16，K0），设置描边颜色为淡绿色（C47，M26，Y30，K0），描边粗细为 1 pt，效果如图 7-3-15c 所示。

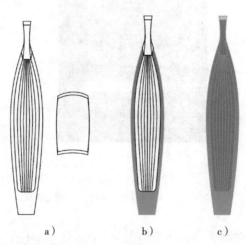

a）　　　　　　　b）　　　　　　　c）

图 7-3-15　绘制船身和船顶

a）绘制船身和船顶　b）填充船身颜色　c）完成效果

（2）船顶填充为灰绿色（C58，M35，Y37，K0）到淡绿色（C40，M17，Y23，K0）的横向线性渐变，上下边缘填充为灰白色（C17，M7，Y11，K0），如图7-3-16a所示。最后将船身和船顶组合到一起，如图7-3-16b所示。

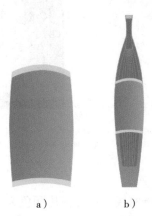

图7-3-16 绘制船身和船顶
a）填充船顶颜色 b）船身与船顶组合

（3）使用钢笔工具绘制水波纹，选中绘制好的水波纹复制一层，调整大小后放置在内部，如图7-3-17a所示。接着使用混合工具为图形添加混合路径，设置指定的步数为4，"混合选项"对话框如图7-3-17b所示，效果如图7-3-17c所示。

图7-3-17 绘制水波纹
a）绘制水波纹 b）"混合选项"对话框 c）完成效果

（4）选中水波纹，执行"对象"→"扩展"命令，将图形转为曲线。接着选中水波纹图形，执行"路径查找器"→"分割"命令，将图形分解，如图7-3-18a所示。依次为图形添加不透明度为100%的白色到不透明度为0%为白色的纵向线性渐变，设置描边颜色为淡绿色（C23，M6，Y13，K0），描边粗细为1 pt，效果如图7-3-18b所示。

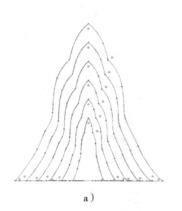 

a ）　　　　　　　　　　　　　b ）

图 7-3-18　填充水波纹颜色

a ）分解图形　b ）完成效果

（5）使用钢笔工具绘制两条曲线，设置描边颜色为淡绿色（C23，M6，Y13，K0），描边粗细为 1 pt，如图 7-3-19a 所示。将水波纹与船组合到一起，效果如图 7-3-19b 所示。

a ）　　　　　　　　　　　　　b ）

图 7-3-19　组合船与水波纹

a ）绘制曲线　b ）完成效果

（6）将绘制好的船和水波纹进行编组，调整大小和角度放置在画面中，如图 7-3-20 所示。

5. 绘制文字背景

（1）使用文字工具输入文字"诗"和"八"，字体设置为"思源宋体"。选中文字，首先执行"创建轮廓"命令，然后执行"取消编组"命令，最后执行"释放复合路径"命令，将文字拆解，如图 7-3-21 所示。

操作演示

图 7-3-20　组合画面

诗 八 诗八

图 7-3-21　拆解文字

（2）使用橡皮擦工具擦除不需要的部分，如图 7-3-22a 所示。通过拉长笔画、旋转复制、镜像复制，按图 7-3-22b 所示来调整笔画的长宽比例，组合到一起。笔画填充为灰白色（C18，M7，Y11，K0）到淡绿色（C34，M14，Y18，K27）的纵向线性渐变，如图 7-3-22c 所示。

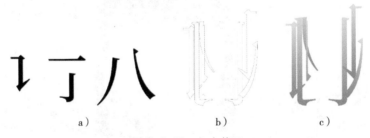

a）　　　　　　　　　　b）　　　　　　c）

图 7-3-22　组合笔画

a）擦除笔画　b）调整笔画　c）填充笔画颜色

（3）选中笔画，执行"编组"命令。将笔画图层放置在水波纹图层的下方，如图 7-3-23 所示。

6. 绘制月亮和渐变背景

（1）使用椭圆工具绘制一个尺寸为 160 mm×160 mm 的圆形作为月亮，填充为白色。执行"效果"→"风格化"→"外发光"命令，设置不透明度为 75%，模糊为 5 mm，"外发光"对话框如图 7-3-24a 所示，将月亮放置在画面右上角，效果如图 7-3-24b 所示。

（2）使用矩形工具绘制一个宽度为 297 mm、高度为 420 mm 的矩形，填充为不透明度为 100% 的白色到不透明度为 0% 的白色的纵向线性渐变，如图 7-3-25 所示。

a）　　　　　　　　　　b）

图 7-3-23　组合画面

图 7-3-24　绘制月亮

a）"外发光"对话框　b）完成效果

（3）将矩形放置在最上层，选中所有图形，执行"透明度"→"制作蒙版"命令，效果如图 7-3-26 所示。

图 7-3-25　绘制矩形

图 7-3-26　背景效果

7．添加文案

（1）导入素材"文本.docx"文件，如图 7-3-27 所示。

（2）使用文字工具复制文字"清涟诗社纳新"，字体设置为"思源宋体"，字体大小为 108 pt。选中"纳新"两个字调整字间距为 2100，如图 7-3-28 所示。

（3）选中文字，执行"创建轮廓"命令，填充为蓝灰色（C72，M58，Y55，K6）。

接着使用矩形工具绘制一个宽度为 158 mm、高度为 7 mm 的矩形，放置在"清涟诗社"文字中间。选中文字和矩形，执行"路径查找器"→"修边"命令，然后执行"取消编组"命令，删除矩形部分，效果如图 7-3-29 所示。

图 7-3-27 导入文本素材 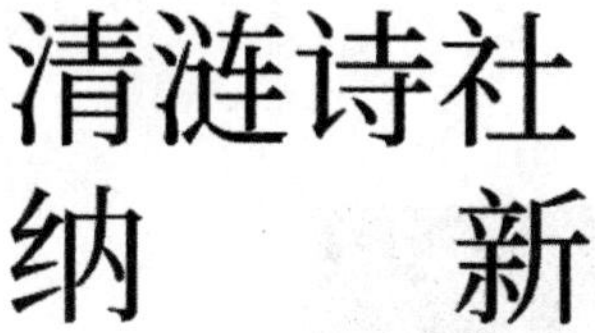　　图 7-3-28 制作标题文字 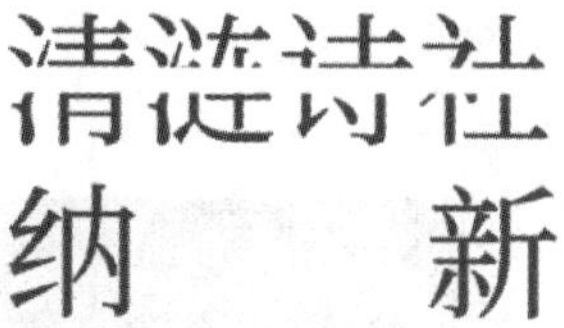　　图 7-3-29 调整标题文字

（4）使用钢笔工具绘制两条直线，描边颜色填充为蓝灰色（C72，M58，Y55，K6），描边粗细为 1 pt。使用文字工具复制英文"QINGLIANSHISHE"，字体设置为"思源宋体"，字体大小为 14 pt，调整字间距为 1650，如图 7-3-30 所示。

（5）使用圆角矩形工具绘制一个宽度为 69 mm、高度为 8 mm 的圆角矩形，圆角半径为 2，填充为蓝灰色（C72，M58，Y55，K6）。接着使用文字工具复制文字"欢迎加入我们"，填充为白色，字体设置为"思源宋体"，字体大小为 17 pt，调整字间距为410，效果如图 7-3-31 所示。

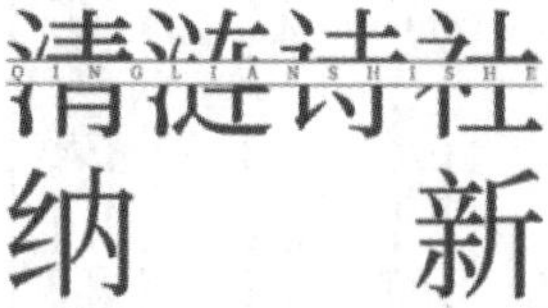

图 7-3-30 制作英文标题 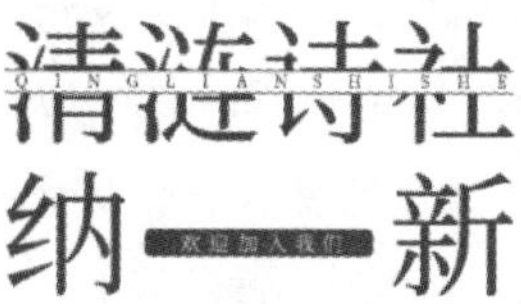　　　　　图 7-3-31 绘制圆角矩形并添加文字

（6）复制文字"水色清涟日色黄"，字体设置为"思源宋体"，字体大小为 19 pt，填充为蓝灰色（C72，M58，Y55，K6）。执行"窗口"→"文字"→"字符样式"命令，选中文字创建"字符样式 1"，如图 7-3-32 所示。

（7）复制文字"梨花淡白柳花香"，单击"字符样式 1"，"字符样式"面板如图 7-3-33a 所示，效果如图 7-3-33b 所示。

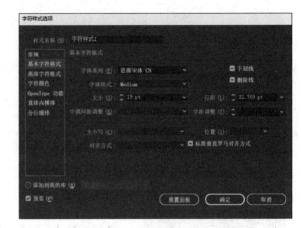

水色清涟日色黄

图 7-3-32　创建字符样式

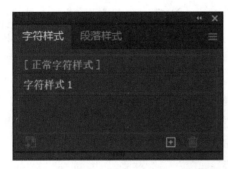

a）

梨花淡白柳花香

b）

图 7-3-33　使用字符样式

a）"字符样式"面板　b）完成效果

（8）选中文字，执行"文字"→"文字方向"→"垂直"命令，如图 7-3-34a 所示。接着使用钢笔工具绘制两条直线，描边颜色填充为蓝灰色（C72，M58，Y55，K6），描边粗细为 1 pt，如图 7-3-34b 所示。

（9）复制文字"2022"，单击"字符样式 1"。接着复制文字"04.14"，字体设置为"思源宋体"，字体大小为 16 pt，填充为蓝灰色（C72，M58，Y55，K6）。复制文字"04.24"，选中文字使用吸管工具吸取文字"04.14"的文字样式，如图 7-3-35a 所示。使用钢笔工具绘制两条直线，填充为蓝灰色（C72，M58，Y55，K6），描边粗细为 1 pt，放置到合适位置，效果如图 7-3-35b 所示。

（10）复制文字"IT'S NOT LATE TO MEET IN SPRING"，字体设置为"华康雅宋体

梨花淡白柳花香　水色清涟日色黄

a）

梨花淡白柳花香　水色清涟日色黄

b）

图 7-3-34　调整文字方向、绘制直线

a）调整文字方向　b）绘制两条直线

W9"，字体大小为 20 pt，设置行距为 24 pt，填充为蓝灰色（C72，M58，Y55，K6）。接着复制文字"相逢有期　春日不迟"，字体设置为"思源宋体"，字体大小为 24 pt，填充为蓝灰色（C72，M58，Y55，K6），效果如图 7-3-36 所示。

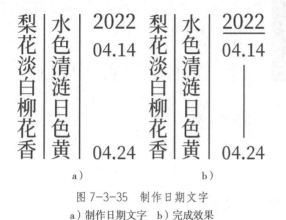

图 7-3-35　制作日期文字
a）制作日期文字　b）完成效果

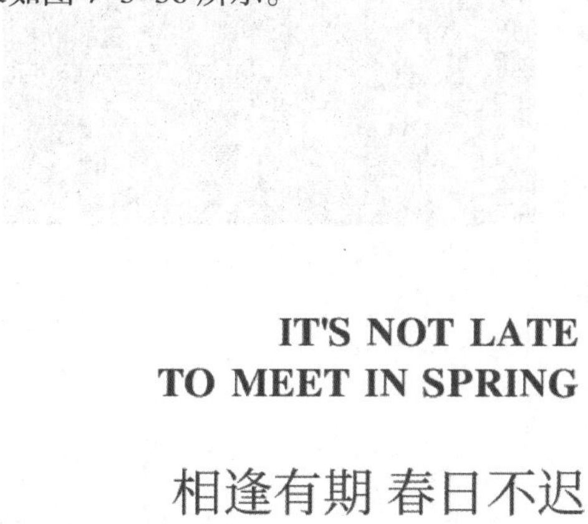

IT'S NOT LATE
TO MEET IN SPRING

相逢有期 春日不迟

图 7-3-36　制作副标题文字

（11）复制文字"要求　对诗词歌赋感兴趣"，字体设置为"思源宋体"，字体大小为 23 pt，填充为蓝灰色（C72，M58，Y55，K6）。执行"窗口"→"文字"→"段落样式"命令，选中文字创建"段落样式 1"，"段落样式选项"对话框如图 7-3-37a 所示，效果如图 7-3-37b 所示。

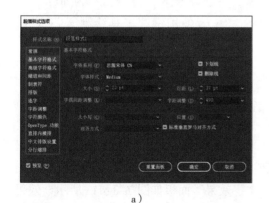

要　求
对 诗 词 歌 赋 感 兴 趣

图 7-3-37　创建段落样式
a）"段落样式选项"对话框　b）完成效果

（12）复制文字"地点　学校体育馆中心"，单击"段落样式 1"，"段落样式"面板如图 7-3-38a 所示，效果如图 7-3-38b 所示。

（13）使用文字工具，将鼠标指针放置在"要求"两字前端，执行"文字"→"插入特殊字符"→"符号"→"项目符号"命令，接着将鼠标指针放置在"地点"两字前端，执行同样的命令，如图 7-3-39 所示。

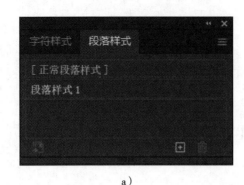

a）

地 点

学 校 体 育 管 中 心

b）

图 7-3-38　使用段落样式

a）"段落样式"面板　b）完成效果

· 要 求

对 诗 词 歌 赋 感 兴 趣

· 地 点

学 校 体 育 管 中 心

图 7-3-39　添加特殊字符

（14）复制文字"清涟诗社纳新"，字体设置为"思源宋体"，字体大小为 30 pt，字间距为 3500，填充为蓝灰色（C72，M58，Y55，K6）。使用钢笔工具绘制五条直线，描边粗细为 1 pt，如图 7-3-40 所示。

清 ｜ 涟 ｜ 诗 ｜ 社 ｜ 纳 ｜ 新

图 7-3-40　绘制装饰线

（15）选中"清涟诗社纳新"文字，执行"窗口"→"图形样式库"命令，单击"图形样式"面板左下角的"图形样式库菜单"按钮，单击"文字效果"命令，在弹出的"文字效果"面板中选择"边缘效果 1"，"文字效果"面板如图 7-3-41a 所示，效果如图 7-3-41b 所示。

（16）将做好的文字分别编组，放置在画面中，效果如图 7-3-42 所示。

8. 保存文件

（1）执行"文件"→"存储为"命令，保存文件。

（2）执行"文件"→"导出"→"导出为"命令，导出文件，在"导出"对话框中勾选"使用画板"，导出的效果图如图 7-3-1 所示。

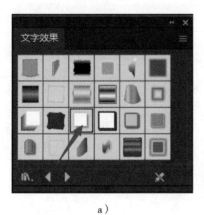

图 7-3-41　使用图形样式修饰文本

a）"文字效果"面板　b）完成效果

图 7-3-42　诗社纳新招贴最终效果

项目八
信息设计

信息设计是用图像、图表以及关键词直接去表达数据和信息的一种方式，简言之就是将复杂的信息转化成让用户易理解的图表形式。本项目通过信息图设计、内页设计及详情页设计，介绍符号及图表工具的应用技巧，以期在设计中提高效率。

任务 1　制作福鼎白茶信息图

　　1. 掌握新建符号的方法。

　　2. 掌握符号喷枪工具、符号移位器工具、符号紧缩器工具、符号缩放器工具、符号旋转器工具、符号着色器工具、符号滤色器工具、符号样式器工具的使用方法。

　　3. 能利用符号喷枪工具、符号紧缩器工具、符号旋转器工具等制作信息化图表。

任务描述

本任务是一个信息图实例，通过设计制作图 8-1-1 所示的福鼎白茶信息图，学习新建符号的方法，掌握符号喷枪工具、符号移位器工具、符号紧缩器工具、符号缩放器工具、符号旋转器工具、符号着色器工具、符号滤色器工具、符号样式器工具的使用方法。要完成本任务，还需要具备一定的色彩搭配和页面布局能力。

图 8-1-1　福鼎白茶信息图

相关知识

一、符号工具组

工具箱中的符号工具组提供了八种不同类型的符号工具，包括符号喷枪工具、符号移位器工具、符号紧缩器工具、符号缩放器工具、符号旋转器工具、符号着色器工具、符号滤色器工具、符号样式器工具，用户可根据设计需要对符号图形进行编辑，符号工具组如图 8-1-2 所示。

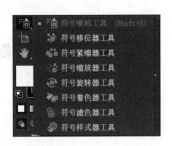

图 8-1-2　符号工具组

1. 符号喷枪工具 ![icon]

使用符号喷枪工具可在页面中创建单个或多个指定的符号。在"符号"面板中选择一个符号样本，使用该工具在页面中单击即可创建一个单独的符号实例，如图 8-1-3 所示。单击并拖动鼠标，符号将沿鼠标的运行轨迹进行分布，形成符号组，如图 8-1-4 所示。

图 8-1-3　创建符号实例　　　　　　　　图 8-1-4　创建符号组

2. 符号移位器工具 ![icon]

符号位移器工具可以调整符号的顺序，更改符号的堆叠顺序。按住工具箱中的"符号喷枪工具"按钮 ![icon]，可从弹出的工具组中选择符号移位器工具 ![icon]。使用符号移位器工具在创建的符号实例上单击并拖动鼠标，可调整符号的位置，如图 8-1-5 所示。使用符号移位器工具还可以更改符号的堆叠顺序，按住"Alt ＋ Shift"组合键的同时单击符号实例，可将符号向后排列，如图 8-1-6 所示。

图 8-1-5　调整符号位置　　　　　　　　图 8-1-6　更改符号堆叠顺序

3. 符号紧缩器工具 ![icon]

符号紧缩器工具可以使符号实例更集中或分散。在选择符号紧缩器的情况下，按住"Alt"键单击指定符号可以使符号相互远离，在符号上按住鼠标左键单击或拖动可以使符号之间靠近，如图 8-1-7 所示。

4. 符号缩放器工具

使用符号缩放器工具单击指定的符号，可以将符号放大，按住"Alt"键的同时单击符号，可以将符号缩小，如图 8-1-8 所示。

图 8-1-7　紧缩符号实例　　　　　图 8-1-8　缩放符号实例

5. 符号旋转器工具

在符号工具组中选择符号旋转器工具，在符号实例上按住鼠标左键拖动可以实现符号的旋转，如图 8-1-9 所示。

6. 符号着色器工具

使用符号着色器工具可以修改符号实例的颜色。在拾色器或"色板"面板中选定颜色，使用该工具在符号实例上单击，即可改变符号实例的颜色，连续单击，可以增加颜色的浓度，如图 8-1-10 所示。单击"色板"面板中的颜色接着单击符号，

图 8-1-9　旋转符号实例

符号颜色将进行混合，如图 8-1-11 所示。如果要恢复符号的颜色，按住"Alt"键在符号实例上单击即可。

图 8-1-10　修改符号实例的颜色

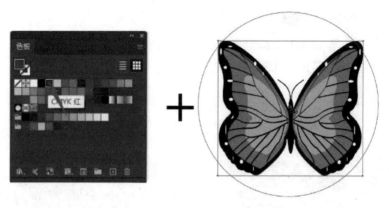

图 8-1-11　混合符号实例的颜色

7. 符号滤色器工具

选择符号滤色器工具，在符号上单击或按住鼠标左键拖动，可以增加符号实例的透明度，单击次数越多，鼠标左键停留时间越长，符号颜色越透明。按住"Alt"键在符号上单击或按住鼠标左键拖动，则能减少符号的透明度，随着单击次数的增加符号颜色恢复，效果如图 8-1-12 所示。

8. 符号样式器工具

图 8-1-12　减少符号透明度效果

符号样式器工具可以在"图形样式"面板上添加或删除图形样式。选择符号集，从"图形样式"面板中选取一种样式，单击或按住鼠标左键拖动，符号会被添加所选的图形样式。按住"Alt"键单击或按住鼠标左键拖动可以删除图形样式，效果如图 8-1-13 所示。

图 8-1-13　符号应用图形样式效果

二、新建符号

"符号"面板中的"新建符号"按钮 ⊞ 可以将选定的对象作为新符号创建到面板中。

在页面中选择要创建为符号的对象，如图 8-1-14a 所示。单击"符号"面板下方的"新建符号"按钮，打开"符号选项"对话框，输入符号名称"星星"，如图 8-1-14b 所示。单击"确定"按钮，即可在"符号"面板中创建一个新的符号样本，如图 8-1-14c 所示。

  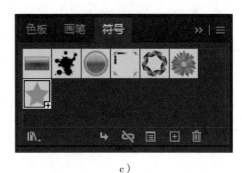

a)　　　　　　　　　　　b)　　　　　　　　　　c)

图 8-1-14　新建符号

a）选择符号对象　b）"符号选项"对话框　c）完成效果

也可以将要创建为符号的图形直接拖入至"符号"面板中新建符号。单击"符号"面板右上角的扩展按钮 ，在弹出的下拉列表中选择"新建符号"命令，也可以新建符号。

1. 新建 Illustrator 文档

执行"文件"→"新建"命令，在"新建文档"对话框中的"预设详细信息"选项中输入"福鼎白茶信息图"，设置文档宽度为 297 mm、高度为 420 mm，方向为"纵向"，颜色模式为"CMYK 颜色"模式，光栅效果为"高（300 ppi）"，然后单击"创建"按钮。

2. 制作信息图背景和标题文字

（1）使用矩形工具绘制与画板相同大小的矩形，填充为米白色（C0，M1，Y7，K0），如图 8-1-15 所示。

（2）使用文字工具输入英文标题"FUDING WHITE TEA"，设置字体系列为"思源宋体"，字体样式为"Heavy"，字体大小为 61 pt，填充为嫩绿色（C51，M22，Y85，K0）。选中英文标题，单击控制栏中的"水平居中"按钮，将其放置在画板上方，如图 8-1-16 所示。

FUDING WHITE TEA

图 8-1-15　绘制背景 　　　　　　　　　　图 8-1-16　制作英文标题

（3）使用钢笔工具绘制茶叶，填充为嫩绿色（C51，M22，Y85，K0），如图 8-1-17a 所示。将茶叶放置在英文标题的合适位置，如图 8-1-17b 所示。

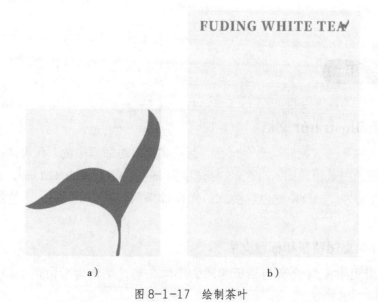

a）　　　　　　　　　　　　　　　b）

图 8-1-17　绘制茶叶
a）绘制茶叶　b）完成效果

（4）使用文字工具输入中文标题"福鼎白茶物种介绍"，设置字体系列为"思源宋体"，字体样式为"Bold"，字体大小为 34 pt，填充为嫩绿色（C51，M22，Y85，K0），如图 8-1-18a 所示。使用钢笔工具在中文标题两侧绘制直线段，描边粗细为 4 pt，填充为嫩绿色（C51，M22，Y85，K0），设置变量宽度配置文件为"宽度配置文件 1"，如图 8-1-18b 所示。

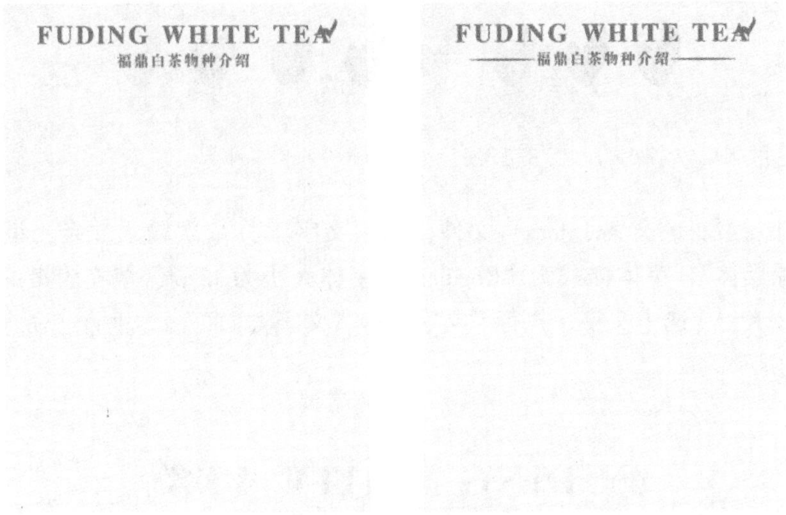

a）	b）

图 8-1-18　制作中文标题

a）制作中文标题　b）绘制直线段装饰

3. 绘制场区分布图

（1）新建图层 2，命名为"场区分布图"。使用文字工具分别输入文字"各场区分布图""DISTRIBUTION MAP OF EACH SITE"，设置字体系列为"思源黑体"，字体样式为"Medium"，字体大小为 16 pt，填充为嫩绿色（C51，M22，Y85，K0），如图 8-1-19 所示。

（2）打开素材"饼状图表 .png"文件，放置到文字排版下方，如图 8-1-20 所示。

图 8-1-19　制作场区分布图标题

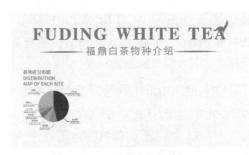

图 8-1-20　导入饼状图表素材

（3）使用钢笔工具绘制茶叶，并向右复制七个。从左到右依次填充为深绿色（C79，M44，Y82，K5）、橄榄绿（C62，M49，Y100，K5）、嫩绿色（C42，M8，Y93，K0）、淡绿色（C33，M0，Y58，K0）、绿色（C64，M9，Y69，K0）、青绿色（C47，M0，Y82，K0）、黄绿色（C36，M0，Y88，K0）、白绿色（C29，M0，Y67，K0），如图 8-1-21 所示。

图 8-1-21　绘制场区分布图茶叶

（4）打开素材"文案 1.docx"文件，使用文字工具依次输入文字，设置字体系列为"思源黑体"，字体样式为"Regular"，字体大小为 12 pt，填充为嫩绿色（C51，M22，Y85，K0）。选中文字，执行"文字"→"文字方向"→"垂直"命令，效果如图 8-1-22 所示。

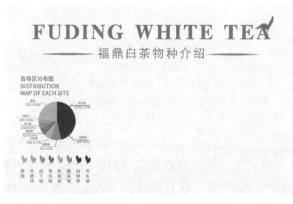

图 8-1-22　场区分布图效果

操作演示

4. 绘制制作工艺流程图

（1）新建图层 3，命名为"制作工艺流程图"。使用文字工具分别输入文字"制作工艺""MANUFACTURING PROCESS"，设置字体系列为"思源黑体"，字体样式为"Medium"，字体大小为 16 pt，填充为嫩绿色（C51，M22，Y85，K0），如图 8-1-23 所示。

（2）使用矩形工具绘制五个宽度为 17 mm、高度为 15 mm 的矩形，填充为白绿色（C9，M0，Y20，K0）。使用文字工具在矩形下方输入对应的文字"采摘""摊青""揉捻""并筛""干燥"，设置字体系列为"思源黑体"，字体样式为"Medium"，字体大小为 8.5 pt，填充为嫩绿色（C51，M22，Y85，K0），效果如图 8-1-24 所示。

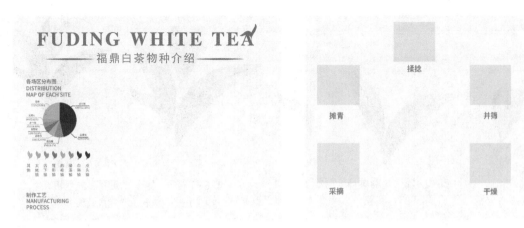

图 8-1-23　添加制作工艺流程图标题　　　　图 8-1-24　绘制矩形并添加文字

（3）使用圆角矩形工具绘制一个宽度为 62 mm、高度为 69 mm 的圆角矩形，圆角半径为 4 mm，描边粗细为 1 pt，填充为嫩绿色（C51，M22，Y85，K0）。使用剪刀工具按照图 8-1-25a 所示将多余区域剪开并删除。使用钢笔工具绘制箭头，描边粗细为 1 pt，填充为嫩绿色（C51，M22，Y85，K0），如图 8-1-25b 所示。

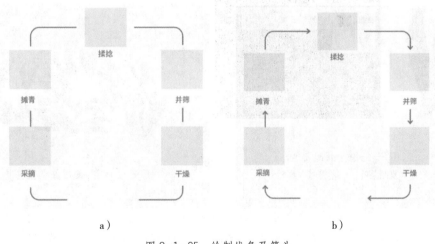

a）　　　　　　　　　　　　　　　　　b）

图 8-1-25　绘制线条及箭头
a）绘制线条　b）绘制箭头

（4）使用钢笔工具绘制茶叶，填充为淡绿色（C34，M0，Y75，K0）到绿色（C75，M40，Y100，K2）的线性渐变，叶脉填充为深绿色（C80，M49，Y100，K12），如图 8-1-26 所示。

（5）将绘制好的茶叶按照图 8-1-27a 所示进行组合。使用钢笔工具绘制叶柄，主叶柄描边粗细为 0.75 pt，两边叶柄描边粗细为 0.5 pt，描边颜色为绿色（C73，M46，Y100，K6），完成"采摘"流程图制作，效果如图 8-1-27b 所示。

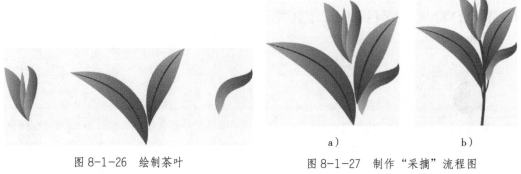

图 8-1-26　绘制茶叶

图 8-1-27　制作"采摘"流程图
a）组合茶叶　b）完成效果

（6）复制绘制好的茶叶，如图 8-1-28a 所示。执行"窗口"→"符号"命令，选中绘制好的茶叶，新建符号，如图 8-1-28b 所示。

（7）选中新建符号，使用符号喷枪工具随机喷出图形。使用符号旋转器工具和符号紧缩器工具调整茶叶角度，如图 8-1-29 所示。

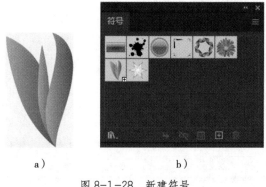

图 8-1-28　新建符号
a）复制茶叶　b）"符号"面板

图 8-1-29　使用并调整符号

（8）使用椭圆工具绘制一个尺寸为 14 mm×6 mm 的椭圆形，填充为米白色（C10，M18，Y23，K0）到棕色（C24，M40，Y53，K0）的径向渐变。选中椭圆形，向下复制一层并置于底层，填充为米白色（C10，M18，Y23，K0）到褐色（C47，M62，Y87，K5）的径向渐变。选中两个椭圆形，执行"编组"命令，如图 8-1-30a 所示。将茶叶和椭圆形放置在一起，完成"摊青"流程图制作，效果如图 8-1-30b 所示。

（9）复制绘制好的茶叶，使用镜像工具将茶叶垂直复制，如图 8-1-31a 所示。将两组茶叶组合，效果如图 8-1-31b 所示。

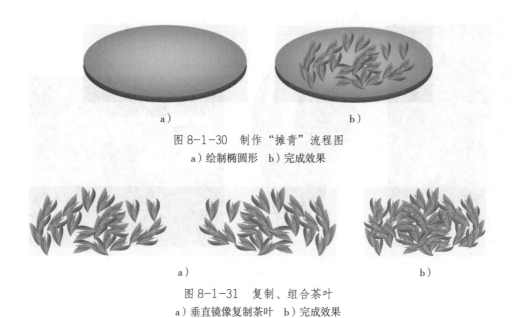

图 8-1-30　制作"摊青"流程图

a）绘制椭圆形　b）完成效果

图 8-1-31　复制、组合茶叶

a）垂直镜像复制茶叶　b）完成效果

（10）使用钢笔工具绘制手部，填充为浅肤色（C0，M16，Y28，K0）到肤色（C4，M27，Y44，K0）的线性渐变，如图 8-1-32a 所示。选中绘制好的手部，使用镜像工具垂直复制，调整手部大小和位置，放置在合适的位置。复制绘制好的椭圆形并放置在合适位置，完成"揉捻"流程图制作，效果如图 8-1-32b 所示。

图 8-1-32　制作"揉捻"流程图

a）绘制手部　b）完成效果

（11）复制绘制好的茶叶，执行"重新着色图稿"命令，调整茶叶颜色，"重新着色图稿"对话框如图 8-1-33a 所示，效果如图 8-1-33b 所示。执行"窗口"→"符号"命令，选中调整好的茶叶，新建符号 1，如图 8-1-33c 所示。

（12）选中新建符号 1，使用符号喷枪工具随机喷出图形，使用符号旋转器工具和符号紧缩器工具调整茶叶角度，如图 8-1-34a 所示。复制绘制好的椭圆形与茶叶组合放置，完成"并筛"流程图制作，效果如图 8-1-34b 所示。

（13）复制绘制好的茶叶，执行"重新着色图稿"命令，调整茶叶颜色，"重新着色图稿"对话框如图 8-1-35a 所示，效果如图 8-1-35b 所示。执行"窗口"→"符号"命令，选中调整好的茶叶，新建符号 2，如图 8-1-35c 所示。

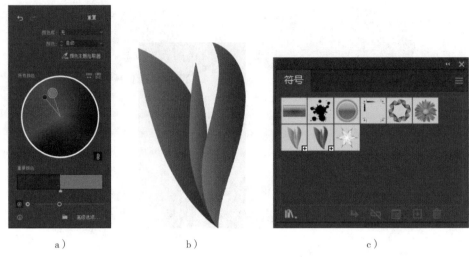

a)   b)   c)

图 8-1-33 新建符号 1

a)"重新着色图稿"对话框　b)调整茶叶颜色效果　c)"符号"面板

a)   b)

图 8-1-34 制作"并筛"流程图

a)使用并调整符号　b)完成效果

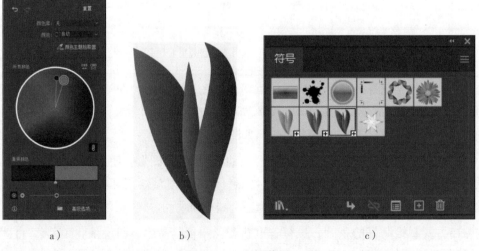

a)   b)   c)

图 8-1-35 新建符号 2

a)"重新着色图稿"对话框　b)调整茶叶颜色效果　c)"符号"面板

（14）选中新建符号 2，使用符号喷枪工具随机喷出图形，使用符号旋转器工具和符号紧缩器工具调整茶叶角度，效果如图 8-1-36a 所示。复制绘制好的椭圆形与茶叶组合放置，完成"干燥"流程图制作，效果如图 8-1-36b 所示。

a）　　　　　　　　　　　　　　　　b）

图 8-1-36　制作"干燥"流程图

a）使用并调整符号　b）完成效果

（15）将绘制好的流程图放置到相应的位置，如图 8-1-37 所示。

（16）使用矩形工具绘制一个宽度为 25 mm、高度为 7 mm 的矩形，填充为棕色（C51，M61，Y84，K7）到深棕色（C62，M73，Y95，K40）的线性渐变，如图 8-1-38a 所示。打开素材"白茶 .png"文件，调整图片大小放置在合适的位置，如图 8-1-38b 所示。最后将流程图放置在信息图中，效果如图 8-1-38c 所示。

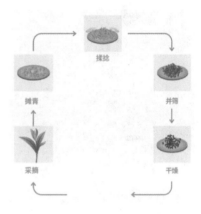

图 8-1-37　流程图组合

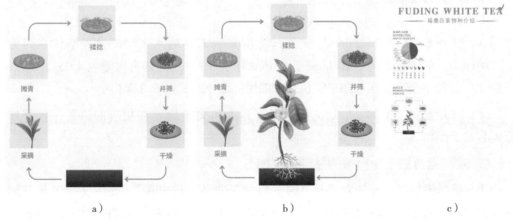

a）　　　　　　　　　　　　b）　　　　　　　　　　　　c）

图 8-1-38　制作工艺流程图效果

a）绘制矩形　b）导入素材　c）完成效果

5. 绘制福鼎白茶口感信息图

（1）新建图层4，命名为"福鼎白茶口感信息图"。使用文字工具分别输入文字"福鼎白茶口感""ON THE PALATE"，设置字体系列为"思源黑体"，字体样式为"Medium"，字体大小为16 pt，填充为嫩绿色（C51，M22，Y85，K0），如图 8-1-39 所示。

（2）使用矩形工具绘制四个宽度为 10 mm、高度为 9 mm 的矩形。使用文字工具分别输入文字"白毫银针""白牡丹""贡眉""寿眉"，设置字体系列为"思源黑体"，字体样式为"Medium"，字体大小为 10 pt，填充为白色，如图 8-1-40 所示。

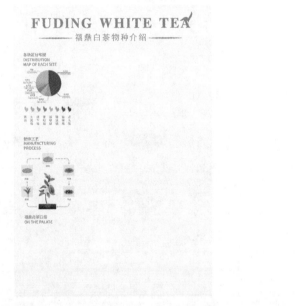

图 8-1-39　制作福鼎白茶口感信息图标题　　　　图 8-1-40　绘制矩形并添加文字

（3）打开素材"文案 2.docx"文件，使用文字工具输入文字，设置字体系列为"思源黑体"，字体样式为"Medium"，字体大小为 10 pt，填充为嫩绿色（C51，M22，Y85，K0）。选中全部文字和图形，执行"编组"命令，如图 8-1-41 所示。

（4）打开素材"茶具 .png"文件，将茶具图和文案放置在相应的位置，效果如图 8-1-42 所示。

6. 绘制适合加工为白茶的品种信息图

（1）新建图层5，命名为"适合加工为白茶的品种信息图"。使用文字工具分别输入文字"适合加工为白茶的品种""VARIETIES SUITABLE FOR PROCESSING INTO WHITE TEA"，设置字体系列为"思源黑体"，字体样式为"Medium"，字体大小为 16 pt，填充为嫩绿色（C51，M22，Y85，K0），如图 8-1-43 所示。

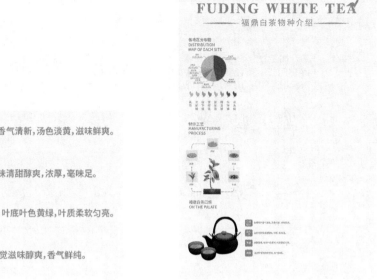

白毫银针香气清新,汤色淡黄,滋味鲜爽。

白牡丹滋味清甜醇爽,浓厚,毫味足。

清甜醇爽,叶底叶色黄绿,叶质柔软匀亮。

品饮时感觉滋味醇爽,香气鲜纯。

图 8-1-41　添加文案　　　　　　图 8-1-42　福鼎白茶口感信息图效果

（2）使用矩形工具绘制六个宽度为 16 mm、高度为 22 mm 的矩形，填充为白绿色（C9，M0，Y20，K0）。使用钢笔工具绘制箭头，描边颜色为嫩绿色（C51，M22，Y85，K0），描边粗细为 1 pt，如图 8-1-44 所示。

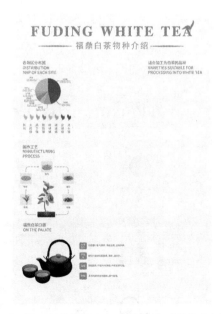

图 8-1-43　制作适合加工为白茶的品种信息图标题　　　　图 8-1-44　绘制矩形和箭头

（3）使用钢笔工具绘制茶叶，如图 8-1-45a 所示。叶子填充为淡绿色（C34，M0，

Y75，K0）到绿色（C75，M40，Y100，K2）的线性渐变，叶柄填充为绿色（C73，M46，Y100，K6），描边粗细为 1 pt，效果如图 8-1-45b 所示。

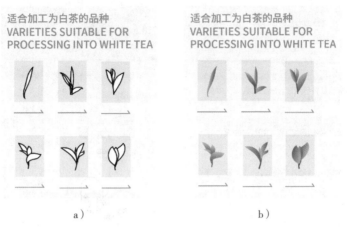

图 8-1-45　绘制茶叶

a）绘制茶叶　b）完成效果

（4）使用文字工具分别输入文字"白毫银针""白牡丹""贡眉""福鼎大白茶""福鼎大豪茶""寿眉"，设置字体系列为"思源黑体"，字体样式为"Medium"，字体大小为 9 pt，填充为嫩绿色（C51，M22，Y85，K0），效果如图 8-1-46 所示。

7. 绘制冲泡指引信息图

（1）新建图层 6，命名为"冲泡指引信息图"。使用文字工具分别输入文字"冲泡指引""BREWING GUIDELINES"，设置字体系列为"思源黑体"，字体样式为"Medium"，字体大小为 16 pt，填充为嫩绿色（C51，M22，Y85，K0），如图 8-1-47 所示。

图 8-1-46　适合加工为白茶的品种信息图效果

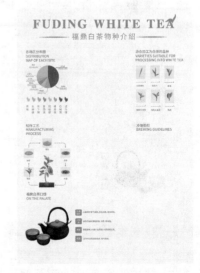

图 8-1-47　制作冲泡指引信息图标题

（2）使用钢笔工具绘制茶杯和底盘，如图 8-1-48a 所示。颜色填充为灰白色（C11，M10，Y13，K0）到灰色（C20，M18，Y24，K0）的线性渐变，效果如图 8-1-48b 所示。

（3）使用钢笔工具绘制茶水，填充为米黄色（C2，M12，Y40，K0）到橘黄色（C3，M18，Y58，K0）的线性渐变。使用椭圆工具绘制一个尺寸为 14 mm×2 mm 的椭圆形，填充为米黄色（C2，M12，Y40，K0）到橘黄色（C3，M18，Y58，K0）的线性渐变。选中底盘，执行"置于顶层"命令，放置在相应的位置，如图 8-1-49 所示。

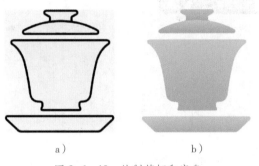

图 8-1-48 绘制茶杯和底盘
a）绘制茶杯和底盘 b）完成效果

图 8-1-49 绘制茶水

（4）使用钢笔工具与椭圆工具绘制茶壶，如图 8-1-50a 所示。颜色填充为白灰色（C20，M14，Y15，K0）到灰色（C47，M40，Y33，K0）的线性渐变，效果如图 8-1-50b 所示。

图 8-1-50 绘制茶壶
a）绘制茶壶 b）完成效果

（5）使用矩形工具绘制一个宽度为 16 mm、高度为 4 mm 的矩形，填充为橙色（C0，M58，Y91，K0）到红色（C44，M94，Y100，K13）的线性渐变，如图 8-1-51a 所示。使用圆角矩形工具、椭圆工具、钢笔工具绘制火炉，填充为深灰色（C75，M72，Y72，K40）到黑色（C78，M79，Y81，K63）的线性渐变，效果如图 8-1-51b 所示。

（6）使用圆角矩形工具绘制一个宽度为 10 mm、高度为 10 mm 的矩形，填充为白灰色（C6，M5，Y5，K0）到灰色（C14，M13，Y15，K0）的线性渐变。使用椭圆工具绘制一个尺寸为 1 mm×1 mm 的圆形，填充为深灰色（C0，M0，Y0，K80）。同时选中圆角矩形和圆形向下复制，如图 8-1-52 所示。

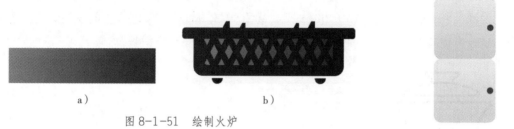

图 8-1-51　绘制火炉

a）绘制矩形　b）完成效果

图 8-1-52　绘制冰箱

（7）使用矩形工具绘制一个宽度为 17 mm、高度为 5 mm 的矩形，填充为嫩绿色（C51，M22，Y85，K0）。执行"效果"→"变形"→"弧形"命令，"变形选项"对话框如图 8-1-53a 所示。选中图形向下复制两个，效果如图 8-1-53b 所示。

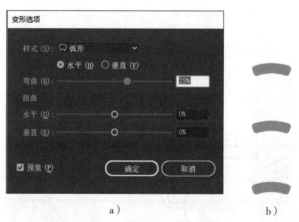

图 8-1-53　绘制文字底框

a）"变形选项"对话框　b）完成效果

（8）使用文字工具分别输入文字"盖碗冲泡""煮茶蒸茶""冷泡法"，设置字体系列为"思源黑体"，字体样式为"Medium"，字体大小为 10 pt，填充为白色。打开素材"文案 3.docx"文件，输入文字，设置字体系列为"思源黑体"，字体样式为"Medium"，字体大小为 9 pt，填充为嫩绿色（C51，M22，Y85，K0），效果如图 8-1-54 所示。

8. 绘制采摘季节信息图

（1）新建图层 7，命名为"采摘季节信息图"。使用文字工具分别输入文字"采摘季节""Picking season"，设置字体系列为"思源黑体"，字体样式为"Medium"，字体大小为 16 pt，填充为嫩绿色（C51，M22，Y85，K0），如图 8-1-55 所示。

图 8-1-54 冲泡指引信息图效果

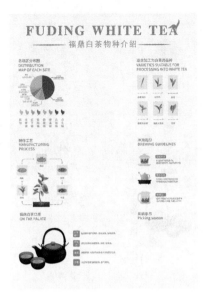

图 8-1-55 制作采摘季节信息图标题

（2）使用矩形工具绘制四个宽度为 8 mm、高度为 8 mm 的矩形，填充为嫩绿色（C51，M22，Y85，K0）。使用文字工具分别输入文字"春""夏""秋""冬"，设置字体系列为"思源黑体"，字体样式为"Medium"，字体大小为 14 pt，填充为白色。打开素材"文案 3.docx"文件，使用文字工具输入文字，设置字体系列为"思源黑体"，字体样式为"Medium"字体大小为 10 pt，填充为嫩绿色（C51，M22，Y85，K0），如图 8-1-56 所示。

（3）使用矩形工具绘制一个宽度为 78 mm、高度为 48 mm 的矩形，填充为嫩绿色（C51，M22，Y85，K0）。选中矩形，在控制栏中调整不透明度为 20%。使用钢笔工具绘制茶叶，填充为嫩绿色（C51，M22，Y85，K0）。打开素材"文案 4.docx"文件，使用文字工具输入文字，设置字体系列为"思源黑体"，字体样式为"Medium"，字体大小为 11 pt，填充为嫩绿色（C51，M22，Y85，K0），如图 8-1-57 所示。

9. 绘制主图

（1）新建图层 8，命名为"主图"。使用文字工具分别输入文字"外观形态与结构层次""APPEARANCE FORM AND STRUCTURE LEVEL"，设置字体系列为"思源黑体"，字体样式为"Medium"，字体大小为 16 pt，填充为嫩绿色（C51，M22，Y85，K0），文字水平居中对齐。打开素材"白茶 .png"文件，放置在画面中心位置，如图 8-1-58 所示。

（2）使用钢笔工具绘制线段，填充为嫩绿色（C51，M22，Y85，K0），描边粗细为

图 8-1-56　绘制矩形并添加文字

图 8-1-57　绘制矩形、茶叶并添加文字

1 pt。使用文字工具输入文字"叶 LEAF""花 FLOWER""茎 STEM"，设置字体系列为"思源黑体"，字体样式为"Medium"，字体大小为 9 pt，填充为嫩绿色（C51，M22，Y85，K0）。打开素材"文案 5.docx"文件，使用文字工具输入其他文字，设置字体系列为"思源黑体"，字体样式为"Medium"，字体大小为 6 pt，填充为嫩绿色（C51，M22，Y85，K0），效果如图 8-1-59 所示。

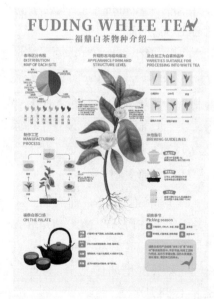

图 8-1-58　制作主图标题并导入白茶素材

图 8-1-59　福鼎白茶信息图最终效果

10. 保存文件

（1）执行"文件"→"存储为"命令，保存文件。

（2）执行"文件"→"导出"→"导出为"命令，导出文件，在"导出"对话框中勾选"使用画板"，导出的效果图如图 8-1-1 所示。

任务 2　制作福鼎白茶信息内页

1. 掌握图表工具的使用方法。

2. 掌握图表数据输入的方法。

3. 掌握编辑图表的方法。

4. 能利用柱形图工具、折线图工具、饼图工具等制作信息化图表内页。

　　本任务是一个信息化图表内页设计实例，通过设计制作图 8-2-1 所示的福鼎白茶信息内页，学习图表工具、图表数据输入、编辑图表的方法，掌握图表的应用技巧，学会修改图表中各个色块的颜色。

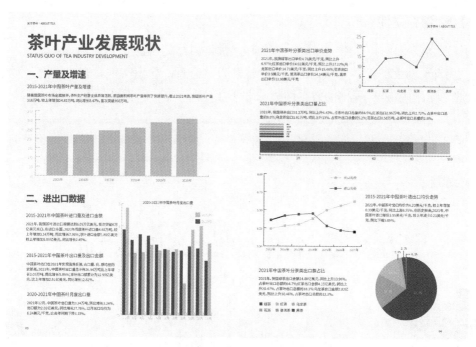

图 8-2-1　福鼎白茶信息内页

一、图表工具

在工具箱中默认的图表工具为柱形图工具，按住该工具可弹出图表工具组，包括柱形图工具、堆积柱形图工具、条形图工具、堆积条形图工具、折线图工具、面积图工具、散点图工具、饼图工具和雷达图工具，如图 8-2-2 所示。用户可根据设计需要，使用不同的图表工具来创建不同的图表。

1. 柱形图工具 📊

柱形图工具可创建柱形图表，用于在相同的图表中提供不同的统计数据类型的直接比较。选择工具箱中的柱形图工

图 8-2-2　图表工具组

具，在要创建图表的位置单击，在弹出的"图表"对话框中可设置图表的宽度和高度，如图 8-2-3a 所示。单击"确定"按钮，会自动打开"图表数据输入"对话框，按图 8-2-3b 所示输入相应的数值，输入完成后单击"应用"按钮✔️，或者按"Enter"键，即可生成由刚刚输入的数据构成的柱形图，如图 8-2-3c 所示。

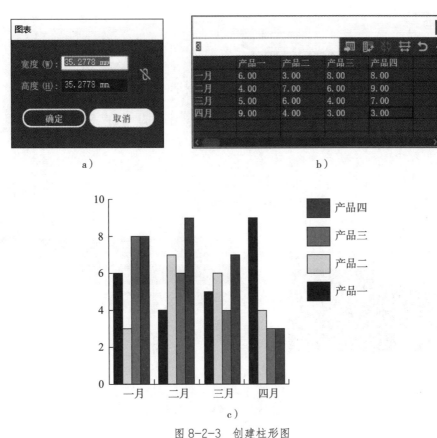

图 8-2-3　创建柱形图

a)"图表"对话框　b)"图表数据输入"对话框　c)柱形图

 小贴士

　　使用图表工具在画面中按住鼠标左键并拖动，绘制一个图表的范围，也可以自动打开图 8-2-3b 所示的"图表数据输入"对话框。

2. 堆积柱形图工具

　　使用堆积柱形图工具创建的图表，是由多个矩形堆积组合而成，用于数据的综合分析或比较数据的比例，其使用方法与柱形图工具一致。"图表数据输入"对话框，如图 8-2-4a 所示，输入的数据构成的堆积柱形图，如图 8-2-4b 所示。

3. 条形图工具

　　条形图工具通过一组或多组水平矩形表示图表的数据，其使用方法与柱形图工具一致。"图表数据输入"对话框，如图 8-2-5a 所示，输入的数据构成的条形图，如图 8-2-5b 所示。

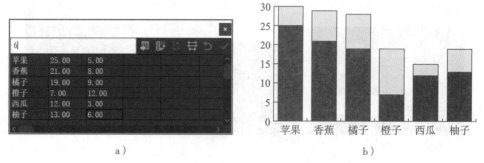

图 8-2-4　创建堆积柱形图

a）"图表数据输入"对话框　b）堆积柱形图

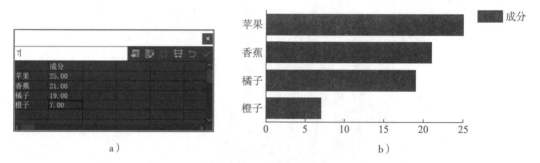

图 8-2-5　创建条形图

a）"图表数据输入"对话框　b）条形图

4. 堆积条形图工具

堆积条形图工具是通过堆积条形图中的条形进行数据的比较。它与堆积柱形图的区别在于方向，一个是横向条形，一个是纵向柱形。"图表数据输入"对话框，如图 8-2-6a 所示，输入的数据构成的堆积条形图，如图 8-2-6b 所示。

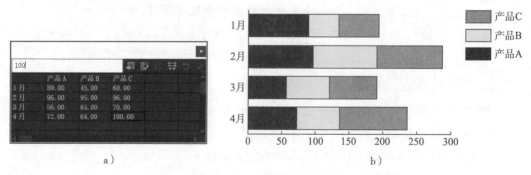

图 8-2-6　创建堆积条形图

a）"图表数据输入"对话框　b）堆积条形图

5. 折线图工具

折线图工具是通过关键的点相连形成不同的折线，以表示图表的数据，可以显示一组或多组对象在一段时间内变化的趋势。"图表数据输入"对话框，如图 8-2-7a 所示，输入的数据构成的折线图，如图 8-2-7b 所示。

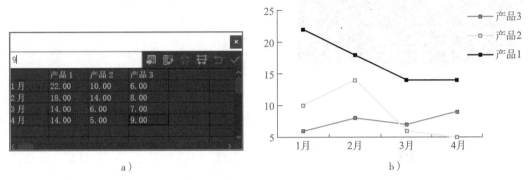

图 8-2-7 创建折线图
a）"图表数据输入"对话框 b）折线图

6. 面积图工具

面积图工具是将数据以填充后的路径形式表现，且一个堆积在另一个上面，用来展示图中图例对象的总面积。"图表数据输入"对话框，如图 8-2-8a 所示，输入的数据构成的面积图，如图 8-2-8b 所示。

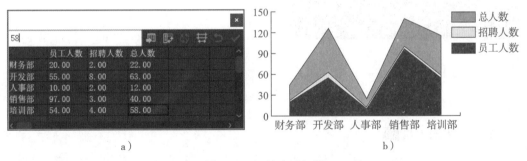

图 8-2-8 创建面积图
a）"图表数据输入"对话框 b）面积图

7. 散点图工具

使用散点图工具可创建散点图表，在该图表中每个数据是根据 x、y 坐标来确定位置，并使用直线段将各个点连接起来，可以直观反映出数据的变化。"图表数据输入"对话框，如图 8-2-9a 所示，输入的数据构成的散点图，如图 8-2-9b 所示。

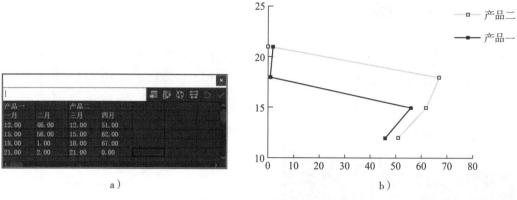

图 8-2-9　创建散点图
a）"图表数据输入"对话框　b）散点图

8. 饼图工具

使用饼图工具可创建饼形图表，用于比较各部分的百分比。图表按比例的大小显示饼和饼的各个楔形。"图表数据输入"对话框，如图 8-2-10a 所示，输入的数据构成的饼图，如图 8-2-10b 所示。

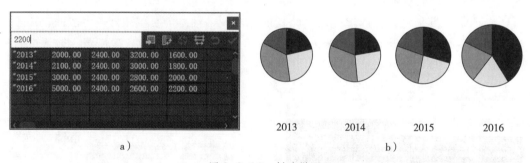

图 8-2-10　创建饼图
a）"图表数据输入"对话框　b）饼图

9. 雷达图工具

雷达图工具创建的雷达图以环形方式显示在时间或特定分类的确定点上各组数据的关系。"图表数据输入"对话框，如图 8-2-11a 所示，输入的数据构成的雷达图，如图 8-2-11b 所示。

二、"图表数据输入"对话框

使用图表工具在页面中绘制图表时，会弹出"图表数据输入"对话框，如图 8-2-12 所示。在对话框中输入并应用数据，图表中会出现相应的数据和名称。

"图表数据输入"对话框中各按钮的功能如下。

导入数据 ：通过"导入图表数据"对话框导入制表文本文件中的数据。需要注

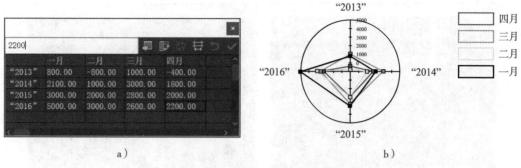

a）　　　　　　　　　　　　　　　　b）

图 8-2-11　创建雷达图
a）"图表数据输入"对话框　b）雷达图

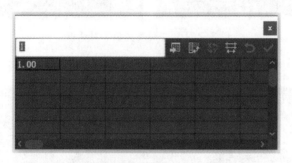

图 8-2-12　"图表数据输入"对话框

意的是，导入文本之间必须用制表符进行分隔，行与行之间要用回车符进行分隔。

换位行 / 列 ：用于置换行或列之间的数据。

切换 *x*/*y* ：将 *x*/*y* 轴位置相互转换。

单元格样式 ：通过"单元格样式"对话框设置小数位数和列宽度。

恢复 ：用于将图表数据恢复到初始状态。

应用 ：用于将当前数据应用到图表中。

三、编辑图表

1. 修改图表类型

"图表类型"对话框用于设置图表的相关属性。执行"对象"→"图表"→"类型"命令，或双击工具箱中的任意图表工具，即可弹出"图表类型"对话框。在对话框的"类型"选项中选择需要的类型，即可进行图表类型的转换。"图表类型"对话框如图 8-2-13 所示。

"图表类型"对话框中各选项的功能如下：

图表选项：在下拉列表框中可选择"图表选项""数值轴"和"类别轴"，以切换至相应的选项组中，如图 8-2-14 所示。

图 8-2-13 "图表类型"对话框

图 8-2-14 图表选项

类型：通过单击相应的图表按钮，即可转换图表类型，如图 8-2-15 所示。

数值轴：在下拉列表框中可选择"位于左侧""位于右侧""位于两侧"等选项，以显示左边、右边或者两边的数值轴，如图 8-2-16 所示。

样式：用于为图表添加投影、在顶部添加图例、第一行在前、第一列在前等样式的设置，添加阴影效果如图 8-2-17 所示。

选项：用于设置图表列宽和群集宽度。

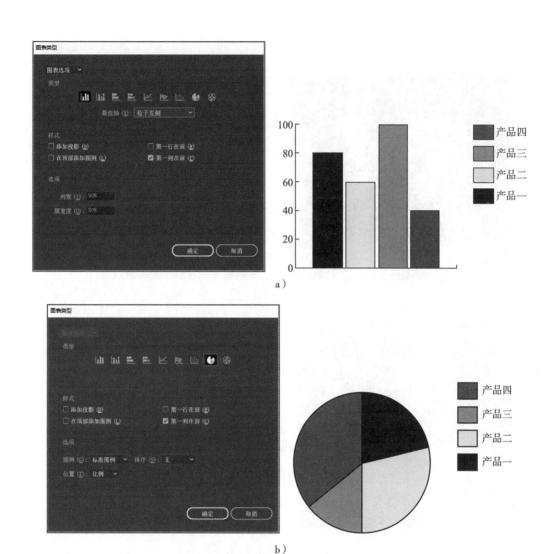

图 8-2-15　转换图表类型
a）图表类型—柱形图　b）图表类型—饼图

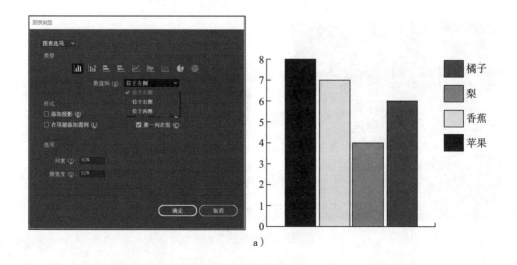

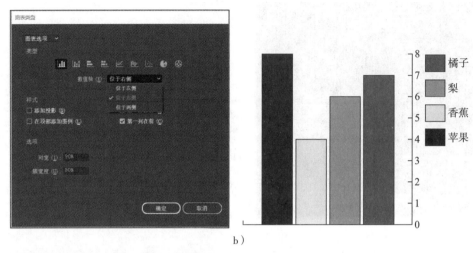

b)

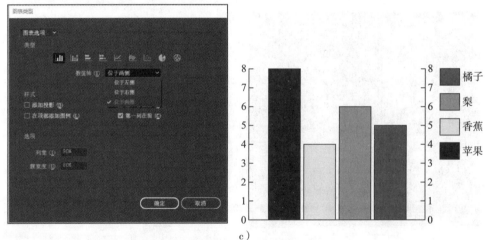

c)

图 8-2-16 转换数值轴

a）数值轴—位于左侧 b）数值轴—位于右侧 c）数值轴—位于两侧

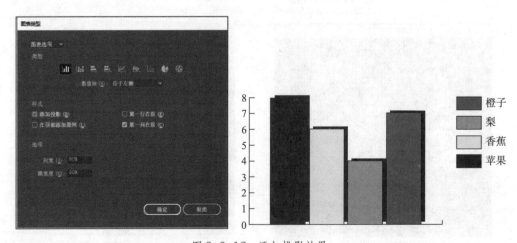

图 8-2-17 添加投影效果

2. 修改图表数据

图表创建后，若发现错误可选中图表，执行"对象"→"图表"→"数据"命令，在打开的"图表数据输入"对话框中进行修改。修改完成后，单击"应用"按钮即可，修改前图表数据如图 8-2-18a 所示，修改后图表数据如图 8-2-18b 所示。

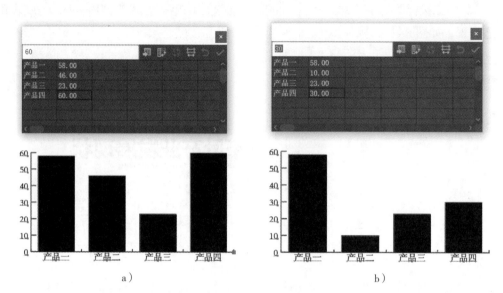

图 8-2-18　修改图表数据
a）修改前图表数据　b）修改后图表数据

1. 新建 Illustrator 文档

执行"文件"→"新建"命令，在"新建文档"对话框中的"预设详细信息"选项中输入"福鼎白茶信息内页"，设置文档宽度为 420 mm、高度为 285 mm，方向为"横向"，颜色模式为"CMYK 颜色"模式，光栅效果为"高（300 ppi）"，出血设置为"3 mm"，然后单击"创建"按钮。

2. 制作柱形图表与文字

（1）使用矩形工具绘制与页面相同大小的矩形，填充为淡黄色（C0，M0，Y10，K0）。

操作演示

（2）使用文字工具输入文字"茶叶产业发展现状"，执行"窗口"→"文字"→"字符"命令，设置字体系列为"思源黑体"，字体样式为"Bold"，文字大小为 16 pt，填充为翠绿色（C80，M45，Y80，K5）。打开素材"文案 .docx"文件，复制英文标题，设置字体系列为"微软雅黑"，字体样式为"Regular"，字体大小为 4 pt，填充为翠绿色（C80，M45，Y80，K5），放置在合适位置，如图 8-2-19 所示。

（3）使用文字工具在素材"文案 .docx"中复制对应文字，字体系列全部设置为"思源黑体"，字体大小分别为 22 pt、11 pt、9 pt，均填充为翠绿色（C80，M45，Y80，K5），其中二级标题的字体样式为"Bold"，其他文字的字体样式为"Regular"，放置在合适位置，如图 8-2-20 所示。

图 8-2-19 制作主标题   图 8-2-20 添加文案

（4）使用柱形图工具，在页面中单击鼠标左键，从弹出的"图表"对话框中设置宽度为 175 mm、高度为 65 mm。单击"确定"后，在弹出的"图表数据输入"对话框中输入数据，如图 8-2-21a 所示，创建的柱形图如图 8-2-21b 所示。

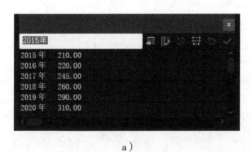

a）   b）

图 8-2-21 创建柱形图
a）"图表数据输入"对话框   b）柱形图

（5）使用直接选择工具选择柱形图，将图形和文字颜色填充为浅绿色（C30，M0，Y70，K0），字体大小调整为 8.5 pt，如图 8-2-22 所示。

（6）使用文字工具在素材"文案 .docx"中复制对应文字，字体系列全部设置为"思源黑体"，字体大小分别为 22 pt、11 pt、9 pt，均填充为翠绿色（C80，M45，Y80，K5），其中二级标题的字体样式为"Bold"，其他文字的字体样式为"Regular"，放置在合适位置，如图 8-2-23 所示。

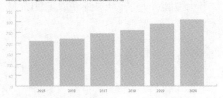

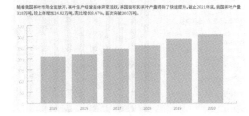

图 8-2-22　调整图表颜色和字体大小　　　　　　图 8-2-23　添加文案

（7）使用柱形图工具，在页面中单击鼠标左键，从弹出的"图表"对话框中设置宽度为 85 mm、高度为 100 mm。单击"确定"后，在弹出的"图表数据输入"对话框中输入数据，如图 8-2-24a 所示，创建的柱形图如图 8-2-24b 所示。

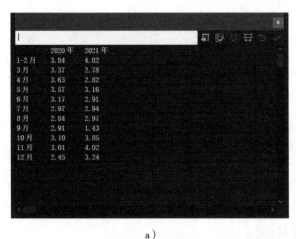

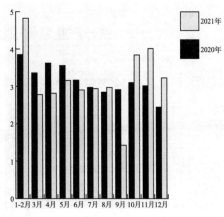

a）　　　　　　　　　　　　　　　　　　　b）

图 8-2-24　创建柱形图

a）"图表数据输入"对话框　b）柱形图

（8）使用直接选择工具选择图表，将 2020 年数据填充为翠绿色（C80，M45，Y80，K5），2021 年数据填充为淡绿色（C30，M0，Y70，K0）。将所有字体大小调整为 8.5 pt，*X* 轴、*Y* 轴填充为淡绿色（C30，M0，Y70，K0），调整图表注释大小与位置，如图 8-2-25 所示。

（9）为图表添加标题，设置字体系列为"思源黑体"，字体样式为"Regular"，字体大小为 9 pt，填充为翠绿色（C80，M45，Y80，K5），放置在合适位置，如图 8-2-26 所示。

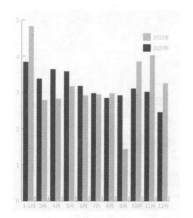

图 8-2-25　调整图表颜色和字体大小

图 8-2-26　制作图表标题

3. 制作折线图表与文字

（1）使用文字工具在素材"文案.docx"中复制对应文字，设置字体系列为"思源黑体"，字体样式为"Regular"，字体大小分别为 11 pt、9 pt，填充为翠绿色（C80，M45，Y80，K5），放置在合适位置，如图 8-2-27 所示。

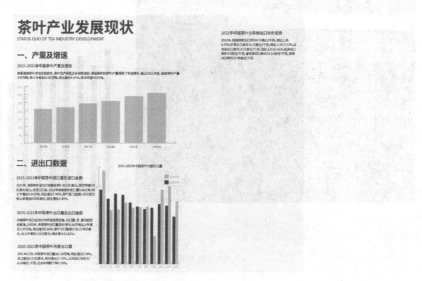

图 8-2-27　添加文案

（2）使用折线图工具，在页面中单击鼠标左键，从弹出的"图表"对话框中设置宽度为 85 mm、高度为 45 mm。单击"确定"后，在弹出的"图表数据输入"对话框中输入数据，如图 8-2-28a 所示，创建的折线图如图 8-2-28b 所示。

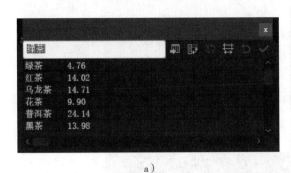
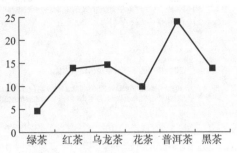

a）　　　　　　　　　　　　　　　　　b）

图 8-2-28　创建折线图
a）"图表数据输入"对话框　b）折线图

（3）使用直接选择工具选择图表，将图表和文字颜色填充为翠绿色（C80，M45，Y80，K5），字体大小调整为 11 pt，如图 8-2-29 所示。

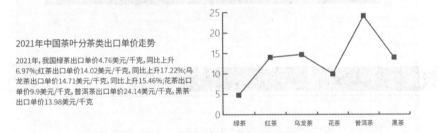

图 8-2-29　调整图表颜色和字体大小

4. 制作堆积条形图表与文字

（1）使用文字工具，在素材"文案 .docx"中复制对应文字，设置字体系列为"思源黑体"，字体样式为"Regular"，字体大小分别为 11 pt、9 pt，填充为翠绿色（C80，M45，Y80，K5），放置在合适位置，如图 8-2-30 所示。

（2）使用堆积条形图工具，在页面中单击鼠标左键，从弹出的"图表"对话框中设置宽度为 175 mm、高度为 15 mm。单击"确定"后，在弹出的"图表数据输入"对话框中输入数据，如图 8-2-31a 所示，创建的堆积条形图如图 8-2-31b 所示。

（3）使用直接选择工具选择图表，将图表注释从上到下依次填充为黄绿色（C30，M0，Y65，K0）、浅绿色（C35，M0，Y90，K0）、绿色（C65，M30，Y100，K0）、淡绿色（C50，M0，Y80，K0）、棕绿色（C60，M50，Y100，K5）、翠绿色（C80，M45，

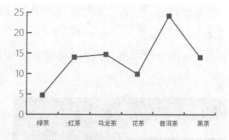

2021年中国茶叶分茶类出口单价走势

2021年，我国绿茶出口单价4.76美元/千克，同比上升6.97%；红茶出口单价14.02美元/千克，同比上升17.22%；乌龙茶出口单价14.71美元/千克，同比上升15.46%；花茶出口单价9.9美元/千克，普洱茶出口单价24.14美元/千克，黑茶出口单价13.98美元/千克

2021年中国茶叶分茶类出口量占比

2021年，我国绿茶出口31.2万吨，同比上升6.43%，占茶叶出口总量的84.5%；红茶出口2.96万吨，同比上升2.72%，占茶叶出口总量的8.0%；乌龙茶出口1.91万吨，同比上升13%，占茶叶出口总量的5.2%；花茶出口0.58万吨，占茶叶出口总量的1.6%。

图 8-2-30　添加文案

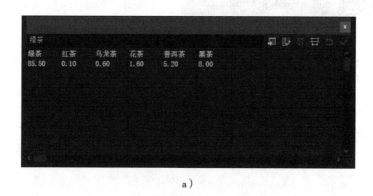

a）

b）

图 8-2-31　创建堆积条形图
a）"图表数据输入"对话框　b）堆积条形图

Y80，K5），图表数据也填充为对应颜色，*X* 轴、*Y* 轴填充为翠绿色（C80，M45，Y80，K5），将数字字体大小调整为 8.5 pt，如图 8-2-32 所示。

5. 制作双折线图表与文字

（1）使用折线图工具，在页面中单击鼠标左键，从弹出的"图表"对话框中设置宽度为 90 mm、高度为 65 mm。单击"确定"后，在弹出的"图表数据输入"对话框中输入数据，如图 8-2-33a 所示，创建的堆积条形图如图 8-2-33b 所示。

（2）执行"对象"→"图表"→"类型"命令，打开"图表类型"对话框，在左上角选择"数值轴"，勾选"忽略计算出的值"，将最小值修改为 3，如图 8-2-34 所示。

（3）使用直接选择工具选择图表，将图表线和进口均价部分填充为翠绿色（C80，

M45，Y80，K5），将出口均价填充为淡绿色（C30，M0，Y70，K0），调整图表注释位置，如图 8-2-35 所示。

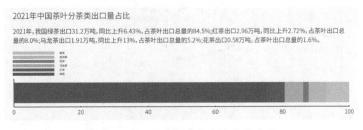

图 8-2-32　调整图表颜色和字体大小

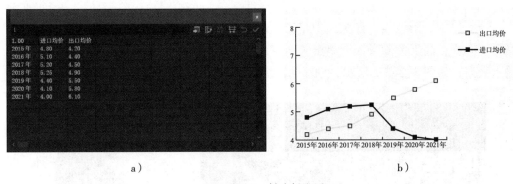

a）　　　　　　　　　　　　　　　　　　b）

图 8-2-33　创建折线图

a）"图表数据输入"对话框　b）折线图

图 8-2-34　调整数值轴

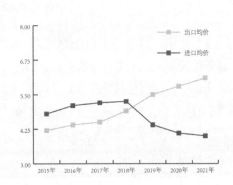

图 8-2-35　调整图表颜色

（4）使用文字工具，在素材"文案 .docx"中复制对应文字，设置字体系列为"思源黑体"，字体样式为"Regular"，字体大小分别为 11 pt、9 pt，填充为翠绿色（C80，M45，Y80，K5），放置在合适位置，如图 8-2-36 所示。

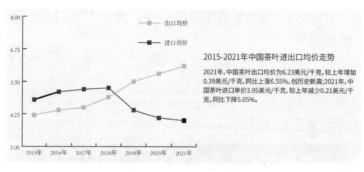

图 8-2-36　添加文案

6. 制作饼状图表与文字

（1）使用饼图工具，在页面中单击鼠标左键，从弹出的"图表"对话框中设置宽度为 65 mm、高度为 65 mm。单击"确定"后，在弹出的"图表数据输入"对话框中输入数据，如图 8-2-37a 所示，创建的饼图如图 8-2-37b 所示。

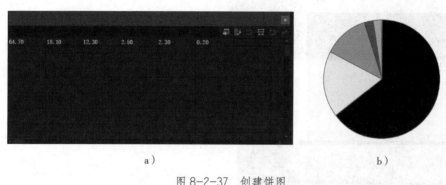

a）

b）

图 8-2-37　创建饼图

a）"图表数据输入"对话框　b）饼图

（2）使用直接选择工具选择图表，将图表颜色顺时针依次填充为深绿色（C80，M45，Y80，K5）、绿色（C50，M0，Y80，K0）、黄绿色（C30，M0，Y70，K0）、浅绿色（C35，M0，Y90，K0）、橄榄绿色（C60，M50，Y100，K5）、淡绿色（C35，M0，Y60，K0），使用文字工具为图表添加数值，如图 8-2-38 所示。

（3）使用文字工具，在素材"文案.docx"中复制对应文字，设置字体系列为"思源黑体"，字体样式为"Regular"，字体大小分别为 11 pt、9 pt，填充为翠绿色（C80，M45，Y80，K5），放置在合适位置。使用矩形工具和文字工具制作图表颜色说明，如图 8-2-39 所示。

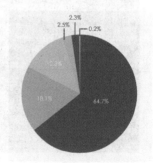

图 8-2-38　调整图表颜色、添加数值

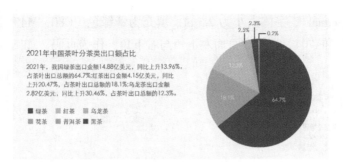

图 8-2-39　添加文案

7. 制作页眉页脚

（1）使用文字工具，输入文字"关于茶叶　ABOUT TEA"，设置字体系列为"思源黑体"，字体样式为"Normal"，字体大小为 2.5 pt，填充为翠绿色（C80，M45，Y80，K5）。使用直线段工具绘制长度为 2.2 mm 的直线段，描边颜色填充为翠绿色（C80，M45，Y80，K5），描边粗细为 0.1 mm，将直线段放置在文字中间，如图 8-2-40a 所示。复制一份，分别放置在页面左上角与右上角，作为页眉，如图 8-2-40b 所示。

关于茶叶 | ABOUT TEA

a）

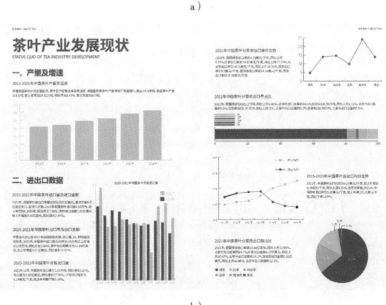

b）

图 8-2-40　制作页眉

a）制作页眉　b）完成效果

（2）使用文字工具，分别输入数字"03"和"04"，设置字体系列为"思源黑体"，字体样式为"Normal"，字体大小为 2.5 pt，填充为翠绿色（C80，M45，Y80，K5），分别将数字"03"和"04"放置在页面左下角与右下角，作为页码，如图 8-2-41 所示。

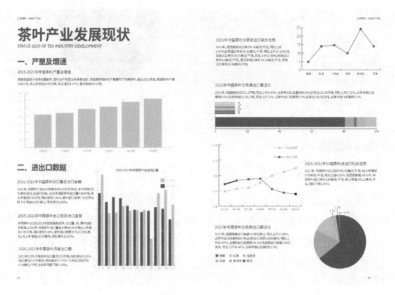

图 8-2-41　制作页码

8. 保存并导出文件

（1）执行"文件"→"存储为"命令，保存文件。

（2）执行"文件"→"导出"→"导出为"命令，导出文件，在"导出"对话框中勾选"使用画板"，导出的效果图如图 8-2-1 所示。

任务 3　制作福鼎白茶详情页

任务目标

1. 掌握创建图案图表的方法。
2. 掌握标记图案图表的方法。
3. 掌握切片工具的使用方法。
4. 能利用创建图案图表、标记图案图表等方法制作详情页。

　　本任务是一个详情页设计实例，通过设计制作图 8-3-1 所示的福鼎白茶详情页，进一步掌握图表的应用技巧，学会设计图表以及为图表添加"3D"效果。

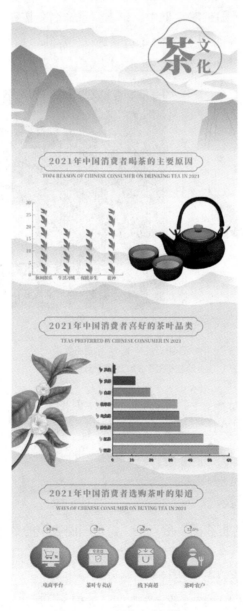

图 8-3-1　福鼎白茶详情页

一、创建图案图表

如果想使图表变得更加醒目耀眼，可在页面中绘制符号，如图 8-3-2a 所示。执行"对象"→"图表"→"设计"命令，打开"图表设计"对话框。单击对话框中的"新建设计"按钮，将符号添加到对话框中。单击"重命名"按钮，设置名称为"花朵"，"图表设计"对话框如图 8-3-2b 所示。单击"确定"按钮，创建完成图表图案。

a）   b）

图 8-3-2 创建图表图案
a）绘制符号 b）"图表设计"对话框

选中图表，执行"对象"→"图表"→"柱形图"命令，打开"图表列"对话框，在对话框的"选取列设计"选项中选择"花朵"，在"列类型"下拉列表框中选择"重复堆叠"，"图列表"对话框如图 8-3-3 所示。单击"确定"按钮，效果如图 8-3-4 所示。

二、标记图案图表

标记图案图表可以将折线图、散点图、雷达图图表中的数据点以自定义的方式重新标记图形。

选择需要标记的图形对象，执行"对象"→"图表"→"设计"命令，在弹出的"图表设计"对话框中单击"新建设计"按钮，如图 8-3-5a 所示。使用直接选择工具选择需要标记的点，执行"对象"→"图表"→"标记"命令，在弹出的"图表标记"对话框中选择新定义好的标记，单击"确定"即可，"图表标记"对话框如图 8-3-5b 所示，效果如图 8-3-5c 所示。

图 8-3-3 "图表列"对话框

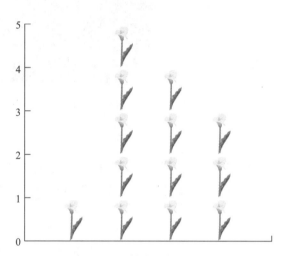

图 8-3-4 创建图案图表效果

a）

b）

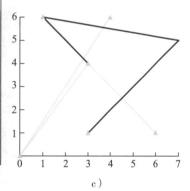

c）

图 8-3-5 标记图案图表

a）"图表设计"对话框 b）"图表标记"对话框 c）完成效果

三、切片工具

切片工具用于网页设计的图片中，由于 Illustrator 2021 中完成的内容编排不能直接把整张图上传到网络上，需要使用切片工具将一个完整的网页切割成许多小片，再转换成可编辑的网页，以便上传。

1. 创建切片

选择工具箱中的切片工具，按住鼠标左键在页面中拖动，绘制出一个矩形，松开鼠标后即可创建一个切片，如图 8-3-6 所示。

图 8-3-6　创建切片

2. 选择切片

按住"切片工具"按钮，从弹出的工具组中单击"切片选择工具"按钮，在图像中单击，即可选中切片。按住"Shift"键的同时单击其他切片，可选中多个切片，如图 8-3-7 所示。

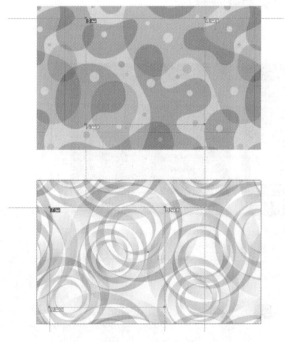

图 8-3-7　选择切片

3. 移动和调整切片大小

单击"切片选择工具"，按住鼠标左键拖动，即可移动切片位置。按住鼠标左键拖动切片的边框即可调整切片大小，如图 8-3-8 所示。

4. 删除与释放切片

单击"切片选择工具",选择要删除的切片,按住"Delete"键即可删除切片。选中切片,执行"对象"→"切片"→"释放"命令,即可释放切片,如图8-3-9所示。

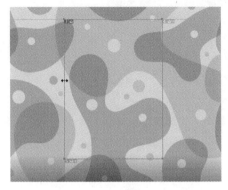

图8-3-8　调整切片大小

图8-3-9　释放切片

1. 新建 Illustrator 文档

执行"文件"→"新建"命令,在"新建文档"对话框中的"预设详细信息"选项中输入"福鼎白茶详情页",设置文档宽度为750 px、高度为1 964 px,方向为"纵向",颜色模式为"RGB 颜色"模式,光栅效果为"屏幕(72 ppi)",然后单击"创建"按钮。

 小贴士

　　本任务需要创建的是用于在计算机上显示的图像文档。在电子屏幕上显示的图像文档通常需要设置为"RGB 颜色"模式,且分辨率无须设置得过高。

2. 绘制详情页背景图

(1)使用矩形工具绘制同页面相同大小的矩形,填充为米白色(R255,G252,B241)。

(2)使用钢笔工具绘制山脉,填充为不透明度100%的青绿色(R141,G167,B72)到不透明度0%的米白色(R255,G252,B241)的线性渐变,如图8-3-10a所示。将绘制好的山脉编组，向上复制，如图 8-3-10b 所示。

图 8-3-10　绘制山脉

a）绘制山脉　b）复制山脉

（3）使用星形工具绘制星形，设置半径 1 为 200 px，半径 2 为 100 px，角点数为 4，描边颜色为嫩绿色（R141，G167，B72），描边粗细为 3 pt，如图 8-3-11a 所示。使用直接选择工具选中星形拖拽为圆角图形，如图 8-3-11b 所示。

（4）使用文字工具输入文字"茶""文化"，设置字体系列为"思源宋体"，字体样式为"Heavy"，填充为嫩绿色（R141，G167，B72），设置"茶"的字体大小为 130 pt，"文化"的字体大小为 48 pt。选中"文化"，执行"文字"→"文字方向"→"垂直"命令，如图 8-3-12 所示。

（5）使用钢笔工具绘制山峰，填充为嫩绿色（R141，G167，B72）到米黄色（R241，G234，B215）的线性渐变，山峰纹理填充为嫩绿色（R141，G167，B72），描边粗细为 2 pt。选中山峰纹理，设置控制栏变量宽度配置文件为"宽度配置文件 1"，如图 8-3-13 所示。

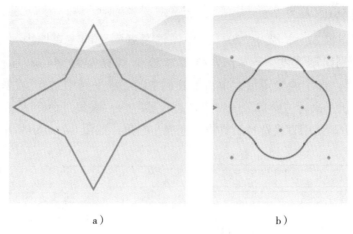

a）　　　　　　　　　　　　b）

图 8-3-11　绘制图形边框

a）绘制星形　b）完成效果

图 8-3-12　制作标题文字

图 8-3-13　绘制山峰

（6）使用钢笔工具绘制云，填充为米白色（R255，G252，B241），如图 8-3-14 所示。

图 8-3-14　绘制云

3. 制作信息图表

（1）新建图层2，命名为"2021年中国消费者喝茶的主要原因"。使用矩形工具分别绘制宽度为508 px、高度为59 px和宽度为544 px、高度为37 px的矩形。选中两个矩形，单击控制栏中的"水平居中对齐""垂直居中对齐"按钮，执行"窗口"→"路径查找器"→"联集"命令，将矩形合并，如图8-3-15a所示。使用直接选择工具将其拖拽为圆角，如图8-3-15b所示。

操作演示

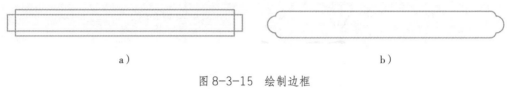

a）　　　　　　　　　　　　　　　　　　b）

图 8-3-15　绘制边框
a）绘制边框　b）完成效果

（2）使用文字工具输入文字"2021年中国消费者喝茶的主要原因"，设置字体系列为"思源宋体"，字体样式为"Heavy"，字体大小为27 pt，填充为嫩绿色（R141，G167，B72）。继续输入英文"TOP4 REASON OF CHINESE CONSUMER ON DRINKING TEA IN 2021"，设置字体系列为"思源宋体"，字体样式为"Heavy"，字体大小为15 pt，填充为嫩绿色（R141，G167，B72），如图8-3-16所示。

图 8-3-16　制作第一个标题文字

（3）使用堆积柱形图工具绘制宽度为107 mm、高度为83 mm的图表，根据图8-3-17a所示输入文字信息和数值，单击右上角应用按钮，然后将"图表数据输入"对话框关闭，生成的堆积柱形图如图8-3-17b所示。

（4）使用直接选择工具选中图表文字，设置字体系列为"思源宋体"，字体样式为"Heavy"，字体大小为14 pt，填充为嫩绿色（R141，G167，B72）。选中 X 轴、Y 轴及柱形图部分，填充为嫩绿色（R141，G167，B72），描边粗细为1 pt，如图8-3-18所示。

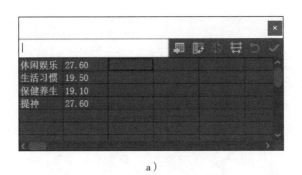
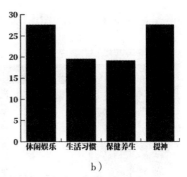

a）

b）

图 8-3-17 创建堆积柱形图

a）"图表数据输入"对话框 b）堆积柱形图

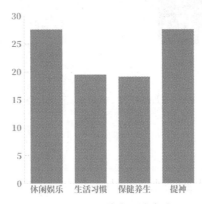

图 8-3-18 填充图表颜色

（5）使用钢笔工具绘制茶叶，填充为绿色（R77，G126，B54）到青绿色（R182，G212，B93）的线性渐变，如图 8-3-19a 所示。将绘制好的茶叶图形编组，选中茶叶，执行"对象"→"图表"→"设计"命令，打开"图表设计"对话框，单击对话框中的"新建设计"按钮，将茶叶图形添加到对话框中。单击"重命名"按钮，设置名称为"茶叶"，"图表设计"对话框如图 8-3-19b 所示。

（6）在页面中删除绘制的茶叶。选中图表，执行"对象"→"图表"→"柱形图"命令，打开"图表列"对话框，在对话框的"选取列设计"选项中选择"茶叶"，在"列类型"下拉列表框中选择"重复堆叠"，"图列表"对

a） b）

图 8-3-19 绘制茶叶并创建图表图案

a）绘制茶叶 b）"图表设计"对话框

话框如图 8-3-20a 所示。单击"确定"按钮，效果如图 8-3-20b 所示。

 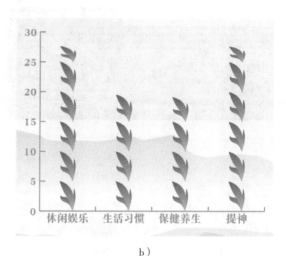

a ）   b ）

图 8-3-20   调整为图案图表
a ）"图表列"对话框   b ）完成效果

（7）打开素材"茶具 .png"文件，放置在页面中，如图 8-3-21 所示。

（8）新建图层 3，命名为"2021 年中国消费者喜好的茶叶品类"。复制前面绘制的边框，使用文字工具输入文字"2021 年中国消费者喜好的茶叶品类"，设置字体系列为"思源宋体"，字体样式为"Heavy"，字体大小为 27 pt，填充为嫩绿色（R141，G167，B72）。继续输入英文"TEAS PREFERRED BY CHINESE CONSUMER IN 2021"，设置字体系列为"思源宋体"，字体样式为"Heavy"，字体大小为 15 pt，填充为嫩绿色（R141，G167，B72），如图 8-3-22 所示。

图 8-3-21   导入茶具素材

图 8-3-22　制作第二个标题文字

（9）使用条形图工具绘制宽度为 137 mm、高度为 106 mm 的图表，按照图 8-3-23a 所示依次输入茶叶名称和数值，单击右上角应用按钮 ✅，然后将"图表数据输入"对话框关闭，生成的条形图如图 8-3-23b 所示。

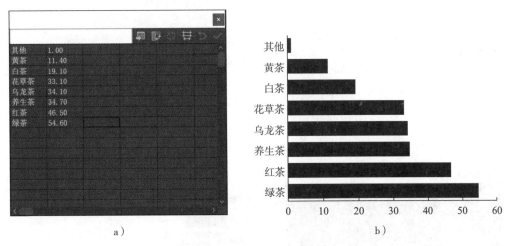

图 8-3-23　创建条形图
a）"图表数据输入"对话框　b）条形图

（10）使用直接选择工具选择图表，X 轴、Y 轴和文字填充为嫩绿色（R141，G167，B72），描边粗细为 1 pt。选中图形，从上到下依次填充为深绿色（R59，G117，B77）、橄榄绿（R116，G119，B46）、嫩绿色（R165，G193，B45）、淡绿色（R185，G216，B133）、绿色（R97，G174，B110）、青绿色（R149，G199，B81）、黄绿色（R179，G209，B51）、白绿色（R195，G218，B112），如图 8-3-24 所示。

（11）使用直接选择工具选中图表文字，设置字体系列为"思源宋体"，字体样式为"Heavy"，字体大小为 12 pt，如图 8-3-25 所示。

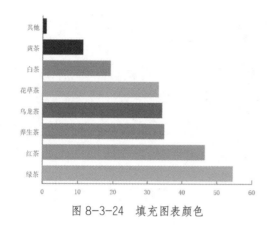

图 8-3-24 填充图表颜色

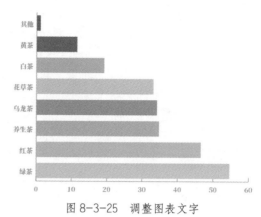

图 8-3-25 调整图表文字

（12）使用钢笔工具绘制茶叶，从上到下依次填充为深绿色（R59，G117，B77）、橄榄绿（R116，G119，B46）、嫩绿色（R165，G193，B45）、淡绿色（R185，G216，B133）、绿色（R97，G174，B110）、青绿色（R149，G199，B81）、黄绿色（R179，G209，B51）、白绿色（R195，G218，B112），如图 8-3-26 所示。

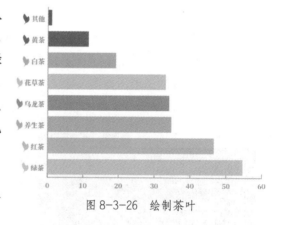

图 8-3-26 绘制茶叶

（13）使用选择工具选中图表，执行"效果"→"3D"→"凸出和斜角"命令，"3D 凸出和斜角选项"对话框如图 8-3-27a 所示，效果如图 8-3-27b 所示。

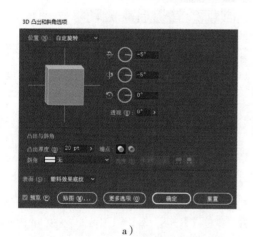

a）

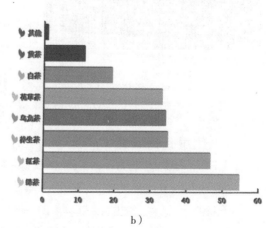

b）

图 8-3-27 为图表添加"3D"效果

a）"3D 凸出和斜角选项"对话框 b）完成效果

（14）打开"白茶素材 .png"文件，放置在页面合适位置。使用矩形工具绘制宽度为 750 px、高度为 428 px 的矩形，放置在白茶素材上方。选中两个图形，执行"建立剪切蒙版"命令，如图 8-3-28 所示。

（15）新建图层 4，命名为"2021 年中国消费者选购茶叶的渠道"。复制前面绘制的边框，使用文字工具输入文字"2021 年中国消费者选购茶叶的渠道"，设置字体系列为"思源宋体"，字体样式为"Heavy"，字体大小为 27 pt，填充为嫩绿色（R141，G167，B72）。继续输入英文"WAYS OF CHINESE CONSUMER ON BUYING TEA IN 2021"，设置字体系列为"思源宋体"，字体样式为"Heavy"，字体大小为 15 pt，填充为嫩绿色（R141，G167，B72），如图 8-3-29 所示。

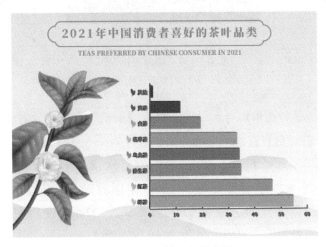

图 8-3-28　导入白茶素材

图 8-3-29　制作第三个标题文字

（16）使用星形工具绘制星形，设置半径 1 为 109 px，半径 2 为 55 px，角点数为 4，描边颜色为嫩绿色（R141，G167，B72），描边粗细为 2 pt，使用直接选择工具将星形拖拽为圆角图形，如图 8-3-30a 所示。复制圆角图形，填充为绿色（R77，G126，

B54）到青色（R182，G212，B93）的线性渐变，无描边色。选中星形，执行"效果"→"风格化"→"内发光"命令，内发光填充为橄榄绿（R106，G131，B50），"内发光"对话框如图 8-3-30b 所示，效果如图 8-3-30c 所示。

a）   b）   c）

图 8-3-30　绘制图标图形

a）绘制图标边框　b）"内发光"对话框　c）完成效果

（17）将图标边框和图形组合到一起，执行"编组"命令，向右复制三个。打开素材"图标 .png"文件，放置在图形中的合适位置，如图 8-3-31 所示。

（18）使用椭圆工具绘制一个尺寸为 25 mm×25 mm 的圆形，描边颜色填充为嫩绿色（R141，G167，B72），描边粗细为 1 pt。使用剪刀工具将多余部分删除。使用钢笔工具绘制叶子，填充为嫩绿色（R141，G167，B72）。使用文字工具输入文字"56.0%"，设置字体系列为"思源宋体"，字体样式为"Heavy"，字体大小为 14 pt，填充为嫩绿色（R141，G167，B72），执行"编组"命令，效果如图 8-3-32 所示。

图 8-3-31　导入图标素材

图 8-3-32　绘制数值图形

（19）将绘制的数值图形向右复制三个，使用文字工具修改数值，如图 8-3-33 所示。

（20）使用文字工具分别输入文字"电商平台""茶叶专卖店""线下商超""茶叶

农户",设置字体系列为"思源宋体",字体样式为"Heavy",字体大小为 17 pt,填充为嫩绿色（R141,G167,B72）,如图 8-3-34 所示。

图 8-3-33　复制数值图形、修改数值

图 8-3-34　制作图标文字

4.保存文件

（1）执行"文件"→"存储为"命令,保存文件。

（2）执行"文件"→"导出"→"导出为"命令,导出文件,在"导出"对话框中勾选"使用画板",导出的效果图如图 8-3-1 所示。